动物疫病净化系列丛书

规模化养殖场主要动物疫病净化评估概要

（2017版）

中国动物疫病预防控制中心　组编

中国农业出版社
北　京

图书在版编目（CIP）数据

规模化养殖场主要动物疫病净化评估概要.2017/
中国动物疫病预防控制中心组编.—北京：中国农业出
版社，2020.1
（动物疫病净化系列丛书）
ISBN 978-7-109-26325-3

Ⅰ.①规… Ⅱ.①中… Ⅲ.①养殖场－兽疫－防疫－
评估－中国－2017 Ⅳ.①S851.3

中国版本图书馆 CIP 数据核字（2019）第 285770 号

中国农业出版社出版

地址：北京市朝阳区麦子店街 18 号楼
邮编：100125
策划编辑：刘 玮 文字编辑：耿韶磊
责任校对：巴洪菊
印刷：北京中兴印刷有限公司
版次：2020 年 1 月第 1 版
印次：2020 年 1 月北京第 1 次印刷
发行：新华书店北京发行所
开本：700mm×1000mm 1/16
印张：14.25
字数：280 千字
定价：60.00 元

本书编审人员

主　　审　陈伟生

副 主 审　辛盛鹏

主　　编　翟新验　杨　林

副 主 编　张　倩　张淼洁　刘林青　付　雯

参编人员（按姓氏笔画排序）

王慧强　刘　祥　杜　建　杨文欢

吴波平　陈三民　赵宏涛　裴　洁

前　言

2012 年，国务院办公厅印发《国家中长期动物疫病防治规划（2012—2020年）》，提出"努力实现重点疫病从有效控制到净化消灭。"2017 年，中共中央办公厅、国务院办公厅联合印发《关于创新体制机制推进农业绿色发展的意见》，要求实施动物疫病净化计划，推动动物疫病防控从有效控制到逐步净化消灭转变。中国动物疫病预防控制中心自 2013 年起在全国范围内组织开展动物疫病净化示范创建活动，在总结国内实践做法和经验的基础上，研究制定了一整套疫病净化示范创建的评估标准、方法和程序，建立完善了疫病净化效果评估体系，并在全国不同类型养殖场进行验证。

为进一步推动规模化养殖场主要动物疫病净化工作，规范"动物疫病净化创建场""动物疫病净化示范场"评估活动，我们将《规模化养殖场主要动物疫病净化评估标准（试行）》和《种猪场主要动物疫病净化评估现场综合审查要素释义（2017 版）》等编写成册，以供读者借鉴。我国地域广阔，养殖数量大，饲养类型多样，随着动物疫病净化模式的不断探索和成熟，我们将组织专家对净化效果评估体系进行持续改进。

由于作者水平有限，书中难免有不足之处，恳请读者批评指正。

目　录

第一章

种猪场主要疫病
净化评估标准及
释义

第一节 净化评估标准

一、猪伪狂犬病

（一）净化评估标准

1. 同时满足以下要求，视为达到**免疫无疫标准：**

（1）生产母猪和后备种猪抽检，猪伪狂犬病病毒 gB 抗体阳性率大于 90%。

（2）种公猪、生产母猪和后备种猪抽检，猪伪狂犬病病毒 gE 抗体检测均为阴性。

（3）连续 2 年以上无临床病例。

（4）现场综合审查通过。

2. 同时满足以下要求，视为达到**净化标准：**

（1）种公猪、生产母猪和后备种猪抽检，猪伪狂犬病病毒抗体检测均为阴性。

（2）停止免疫 2 年以上，无临床病例。

（3）现场综合审查通过。

（二）抽样检测

具体抽样检测要求见表 1-1 和表 1-2。

表 1-1 免疫无疫评估实验室检测要求

检测项目	检测方法	抽样种群	抽样数量	样本类型
抗体检测	gE-ELISA	种公猪	生产公猪存栏量 50 头以下，100%采样；生产公猪存栏量 50 头以上，按照证明无疫公式计算（CL=95%，P=3%）	血清
		生产母猪后备种猪	按照证明无疫公式计算（CL=95%，P=3%）；随机抽样，覆盖不同猪群	血清
抗体检测	gB-ELISA	生产母猪	按照预估期望值公式计算（CL=95%，P=90%，e=10%）	血清
		后备种猪	按照预估期望值公式计算（CL=95%，P=90%，e=10%）	血清

表 1-2　净化评估实验室检测要求

检测项目	检测方法	抽样种群	抽样数量	样本类型
抗体检测	ELISA	种公猪	生产公猪存栏量 50 头以下，100％采样；生产公猪存栏量 50 头以上，按照证明无疫公式计算（CL＝95％，P＝3％）	血清
		生产母猪后备种猪	按照证明无疫公式计算（CL＝95％，P＝3％）；随机抽样，覆盖不同猪群	血清

二、猪瘟

（一）净化评估标准

1. 同时满足以下要求，视为达到**免疫无疫标准**：

（1）生产母猪、后备种猪抽检，猪瘟病毒抗体阳性率 90％以上。

（2）种公猪、生产母猪和后备种猪抽检，猪瘟病原学检测均为阴性。

（3）连续 2 年以上无临床病例。

（4）现场综合审查通过。

2. 同时满足以下要求，视为达到**净化标准**：

（1）种公猪、生产母猪和后备种猪抽检，猪瘟病毒抗体检测均为阴性。

（2）停止免疫 2 年以上，无临床病例。

（3）现场综合审查通过。

（二）抽样检测

具体抽样检测要求见表 1-3 和表 1-4。

表 1-3　免疫无疫评估实验室检测要求

检测项目	检测方法	抽样种群	抽样数量	样本类型
病原学检测	实时 PCR	种公猪	生产公猪存栏量 50 头以下，100％采样；生产公猪存栏量 50 头以上，按照证明无疫公式计算（CL＝95％，P＝3％）	扁桃体
		生产母猪后备种猪	按照证明无疫公式计算（CL＝95％，P＝3％）；随机抽样，覆盖不同猪群	
抗体检测	ELISA	生产母猪	按照预估期望值公式计算（CL＝95％，P＝90％，e＝10％）	血清
		后备种猪	按照预估期望值公式计算（CL＝95％，P＝90％，e＝10％）	

表1-4　净化评估实验室检测要求

检测项目	检测方法	抽样种群	抽样数量	样本类型
抗体检测	ELISA	种公猪	生产公猪存栏量50头以下，100%采样；生产公猪存栏量50头以上，按照证明无疫公式计算（CL＝95%，P＝3%）	血清
		生产母猪后备种猪	按照证明无疫公式计算（CL＝95%，P＝3%）；随机抽样，覆盖不同猪群	

三、猪繁殖与呼吸综合征

（一）净化评估标准

1. 同时满足以下要求，视为达到**免疫无疫标准：**

（1）生产母猪和后备种猪抽检，猪繁殖与呼吸综合征病毒免疫抗体阳性率90%以上；种公猪抗体抽检均为阴性。

（2）种公猪、生产母猪和后备种猪抽检，猪繁殖与呼吸综合征病原学检测均为阴性。

（3）连续2年以上无临床病例。

（4）现场综合审查通过。

2. 同时满足以下要求，视为达到**净化标准：**

（1）种公猪、生产母猪、后备种猪抽检，猪繁殖与呼吸综合征病毒抗体检测均为阴性。

（2）停止免疫2年以上，无临床病例。

（3）现场综合审查通过。

（二）抽样检测

具体抽样检测要求见表1-5和表1-6。

表1-5　免疫无疫评估实验室检测要求

检测项目	检测方法	抽样种群	抽样数量	样本类型
抗体检测	ELISA	种公猪	生产公猪存栏量50头以下，100%采样；生产公猪存栏量50头以上，按照证明无疫公式计算（CL＝95%，P＝3%）	血清
病原学检测	PCR	生产母猪后备种猪	按照证明无疫公式计算（CL＝95%，P＝3%）；随机抽样，覆盖不同猪群	血清

（续）

检测项目	检测方法	抽样种群	抽样数量	样本类型
抗体检测	ELISA	生产母猪	按照预估期望值公式计算（CL＝95％，P＝90％，e＝10％）	血清
		后备种猪	按照预估期望值公式计算（CL＝95％，P＝90％，e＝10％）	

表1-6　净化评估实验室检测要求

检测项目	检测方法	抽样种群	抽样数量	样本类型
抗体检测	ELISA	种公猪	生产公猪存栏量50头以下，100％采样；生产公猪存栏量50头以上，按照证明无疫公式计算（CL＝95％，P＝3％）	血清
		生产母猪后备种猪	按照证明无疫公式计算（CL＝95％，P＝3％）；随机抽样，覆盖不同猪群	血清

四、口蹄疫

(一) 净化评估标准

同时满足以下要求，视为达到**免疫无疫标准：**

（1）生产母猪和后备种猪抽检，口蹄疫病毒免疫抗体合格率90％以上。

（2）种公猪、生产母猪、后备种猪抽检，口蹄疫病原学检测阴性。

（3）连续2年以上无临床病例。

（4）现场综合审查通过。

(二) 抽样检测

具体抽样检测要求见表1-7。

表1-7　免疫无疫评估实验室检测要求

检测项目	检测方法	抽样种群	抽样数量	样本类型
病原学检测	PCR	种公猪	生产公猪存栏量50头以下，100％采样；生产公猪存栏量50头以上，按照证明无疫公式计算（CL＝95％，P＝3％）	扁桃体
		生产母猪后备种猪	按照证明无疫公式计算（CL＝95％，P＝3％）；随机抽样，覆盖不同猪群	

（续）

检测项目	检测方法	抽样种群	抽样数量	样本类型
抗体检测	ELISA	生产母猪	按照预估期望值公式计算（CL=95%，P=90%，e=10%）	血清
		后备种猪	按照预估期望值公式计算（CL=95%，P=90%，e=10%）	

第二节　现场综合审查评分表

现场综合审查评分表见表1-8。

表1-8　现场综合审查评分表

类别	编号	具体内容及评分标准	关键项	分值
必备条件	I	土地使用符合相关法律法规与区域内土地使用规划，场址选择符合《中华人民共和国畜牧法》和《中华人民共和国动物防疫法》有关规定		必备条件
	II	具有县级以上畜牧兽医主管部门备案登记证明，并按照农业农村部《畜禽标识和养殖档案管理办法》要求，建立养殖档案		
	III	具有县级以上畜牧兽医主管部门颁发的动物防疫条件合格证，2年内无重大动物疫病和产品质量安全事件发生记录		
	IV	种畜禽养殖企业具有县级以上畜牧兽医主管部门颁发的种畜禽生产经营许可证		
	V	有病死动物和粪污无害化处理设施设备或有效措施		
	VI	种猪场生产母猪存栏 500 头以上（地方保种场除外）		
人员管理5分	1	有净化工作组织团队和明确的责任分工		1
	2	全面负责疫病防治工作的技术负责人具有畜牧兽医相关专业本科以上学历或中级以上职称		0.5
	3	全面负责疫病防治工作的技术负责人从事养猪业 3 年以上		1
	4	建立了合理的员工培训制度和培训计划		0.5
	5	有完整的员工培训考核记录		0.5
	6	从业人员有健康证明		0.5
	7	有 1 名以上本场专职兽医技术人员获得执业兽医资格证书		1
结构布局10分	8	场区位置独立，与主要交通干道、居民生活区、屠宰厂（场）、交易市场有效隔离		2
	9	场区周围有有效防疫隔离带		0.5
	10	养殖场防疫标识明显（有防疫警示标语、标牌）		0.5

（续）

类别	编号	具体内容及评分标准	关键项	分值
结构布局 10分	11	分点饲养		2
	12	办公区、生产区、生活区、粪污处理区和无害化处理区完全分开，且相距 50m 以上		2
	13	对外销售猪的出猪台与生产区保持有效距离		1
	14	净道与污道分开		2
栏舍设置 5分	15	有独立的引种隔离舍		1
	16	有相对隔离的病猪专用隔离治疗舍		1
	17	有预售种猪观察舍或设施设备		1
	18	每栋猪舍均有自动饮水系统		0.5
	19	保育舍有可控的饮水加药系统		0.5
	20	猪舍通风、换气和温控等设施设备运转良好		1
卫生环保 6分	21	场区卫生状况良好，垃圾及时处理，无杂物堆放		1
	22	能实现雨污分流		1
	23	生产区具备有效的防鼠、防虫媒、防犬猫、防鸟进入的设施设备或措施		1
	24	场区禁养其他动物，并防止周围其他动物进入场区		1
	25	粪便及时清理、转运，存放地点有防雨、防渗漏、防溢流措施		1
	26	水质检测符合人畜饮水卫生标准		0.5
	27	具有县级以上环保行政主管部门的环评验收报告或许可		0.5
无害化处理 9分	28	粪污的无害化处理符合生物安全要求		1
	29	病死动物剖检场所符合生物安全要求		1
	30	建立了病死猪无害化处理制度		2
	31	病死猪无害化处理设施设备运转有效或措施实施有效并符合生物安全要求		2
	32	有完整的病死猪无害化处理记录并具有可追溯性		2
	33	无害化处理记录保存 3 年以上		1
消毒管理 12分	34	有完善的消毒管理制度		1
	35	场区入口有有效的车辆消毒池和覆盖全车的消毒设施设备		1
	36	场区入口有有效的人员消毒设施设备		1
	37	有严格的车辆及人员出入场区消毒及管理制度		1
	38	车辆及人员出入场区消毒管理制度执行良好并记录完整		1
	39	生产区入口有有效的人员消毒、淋浴设施设备		1
	40	有严格的人员进入生产区消毒及管理制度		1
	41	人员进入生产区消毒及管理制度执行良好并记录完整		1

（续）

类别	编号	具体内容及评分标准	关键项	分值
消毒管理 12分	42	每栋猪舍入口有消毒设施设备		1
	43	人员进入猪舍前消毒执行良好		1
	44	栋舍、生产区内部有定期消毒措施且执行良好		1
	45	有消毒剂配制和管理制度		0.5
	46	消毒液定期更换，配制及更换记录完整		0.5
生产管理 8分	47	产房、保育舍和生长舍都能实现猪群全进全出		2
	48	制定了投入品（含饲料、兽药、生物制品）管理使用制度，执行良好并记录完整		1
	49	饲料、药物、疫苗等不同类型的投入品分类分开储藏，标识清晰		1
	50	生产记录完整，包括配种、妊检、产仔、哺育、保育与生长等记录		1
	51	有健康巡查制度及记录		1
	52	根据当年生产报表，母猪配种分娩率（分娩母猪/同期配种母猪）80%（含）以上		1
	53	全群成活率90%以上		1
防疫管理 9分	54	卫生防疫制度健全，有传染病应急预案		2
	55	有独立兽医室		1
	56	兽医室具备正常开展临床诊疗和采样条件		1
	57	兽医诊疗与用药记录完整		1
	58	有完整的病死动物剖检记录及剖检场所消毒记录		1
	59	有动物发病记录、阶段性疫病流行记录或定期猪群健康状态分析总结		1
	60	制订了科学合理的免疫程序，执行良好并记录完整		2
种源管理 10分	61	建立了科学合理的引种管理制度		1
	62	引种管理制度执行良好并记录完整		1
	63	国内引种来源于有种畜禽生产经营许可证的种猪场；外购精液有动物检疫合格证明；国外引进种猪、精液符合相关规定		1
	64	引进种猪具有"三证"（种畜禽合格证、动物检疫证明、种猪系谱证）和检测报告		1
	65	引入种猪进场前、外购供体/精液使用前、本场供体/精液使用前有猪瘟病原或感染抗体检测报告且结果为阴性	*	1
	66	引入种猪进场前、外购供体/精液使用前、本场供体/精液使用前有口蹄疫病原或感染抗体检测报告且结果为阴性	*	1
	67	引入种猪进场前、外购供体/精液使用前、本场供体/精液使用前有猪繁殖与呼吸综合征抗原或感染抗体检测报告且结果为阴性	*	1

（续）

类别	编号	具体内容及评分标准	关键项	分值
种源管理 10分	68	引入种猪入场前、外购供体/精液使用前、本场供体/精液使用前有猪伪狂犬病病原检测报告或感染抗体且结果为阴性	*	1
	69	有近3年完整的种猪销售记录		1
	70	本场销售种猪或精液有疫病抽检记录，并附具动物检疫合格证明		1
监测净化 18分	71	有猪瘟年度（或更短周期）监测方案并切实可行		0.5
	72	有口蹄疫年度（或更短周期）监测方案并切实可行		0.5
	73	有猪繁殖与呼吸综合征年度（或更短周期）监测方案并切实可行		0.5
	74	有猪伪狂犬病年度（或更短周期）监测方案并切实可行		0.5
	75	检测记录能追溯到种猪及后备猪群的唯一性标识（如耳标号）	*	3
	76	根据监测方案开展监测，且监测报告保存3年以上	*	3
	77	开展过动物疫病净化工作，有猪瘟/口蹄疫/猪繁殖与呼吸综合征/猪伪狂犬病净化方案	*	1
	78	净化方案符合本场实际情况，切实可行	*	2
	79	有3年以上的净化工作实施记录，记录保存3年以上	*	3
	80	有定期净化效果评估和分析报告（生产性能、发病率、阳性率等）		2
	81	实际检测数量与应检测数量基本一致，检测试剂购置数量或委托检测凭证与检测量相符		2
场群健康 8分	82	猪瘟净化示范场：符合净化评估标准；创建场及其他病种示范场：种猪群或后备猪群猪瘟免疫抗体阳性率≥80%	*	1/5#
	83	口蹄疫净化示范场：符合净化评估标准。创建场及其他病种示范场：口蹄疫免疫抗体阳性率≥70%，病原或感染抗体阳性率≤10%	*	1/5#
	84	猪繁殖与呼吸综合征净化示范场：符合净化评估标准；猪繁殖与呼吸综合征创建场及其他病种示范场：近2年内猪繁殖与呼吸综合征无临床病例	*	1/5#
	85	猪伪狂犬病净化示范场：符合净化评估标准；创建场及其他病种示范场：种猪群或后备猪群猪伪狂犬病免疫抗体阳性率≥80%，病原或感染抗体阳性率≤10%	*	1/5#
总 分				100

注：1. "＊"表示此项为关键项，净化示范场总分不低于90分，且关键项全部满分，为现场评估通过。净化创建场总分不低于80分，为现场评估通过。

2. "＃"表示申报评估的病种该项分值为5分，其余病种为1分。

第三节　现场综合审查要素释义

一、必备条件

该部分条款，作为规模化种猪场主要动物疫病净化场入围的基本条件，其中任意一项不符合条件，不予入围。

Ⅰ　土地使用符合相关法律法规与区域内土地使用规划，场址选择符合《中华人民共和国畜牧法》（以下简称《畜牧法》）和《中华人民共和国动物防疫法》（以下简称《动物防疫法》）有关规定

（1）概述　此项为必备项。我国支持和鼓励养殖业的规模化、产业化、标准化发展，同时要求养殖用地符合当地土地利用规划，并符合相关法律法规要求。《畜牧法》第四十条规定，禁止在下列区域内建设畜禽养殖场、养殖小区：生活饮用水的水源保护区、风景名胜区，以及自然保护区的核心区和缓冲区；城镇居民区、文化教育科学研究区等人口集中区域；法律法规规定的其他禁养区域。

（2）评估要点　现场查看有关部门出具的土地使用协议、备案手续或建设规划证明。"法律法规规定的其他禁养区域"，符合当地国土部门制定的土地规划。

（3）入围原则　申请场具有有关部门出具的土地使用协议、备案手续或建设规划证明，场址位置符合地方政府关于禁养区、限养区管理的相关规定，认为此项符合；否则为不符合，不予入围。

Ⅱ　具有县级以上畜牧兽医主管部门备案登记证明，并按照农业农村部《畜禽标识和养殖档案管理办法》要求，建立养殖档案

（1）概述　此项为必备项。《畜牧法》第三十九条规定，我国畜禽养殖场实行备案。农业农村部颁布的《畜禽标识和养殖档案管理办法》规范了养殖档案管理。

（2）评估要点　查看县级以上畜牧兽医行政主管部门的备案登记材料，并初步了解养殖档案信息，确认至少涵盖以下内容：家畜品种、数量、繁殖记录、标识情况、来源、进出场日期；投入品采购、使用情况；检疫、免疫、消毒情况；家畜发病、死亡和无害化处理情况；家畜养殖代码；农业农村部规定的其他内容。

（3）入围原则　申请场应当同时具备以上基本条件要素，认为此项为符合；

否则为不符合，不予入围。

Ⅲ 具有县级以上畜牧兽医主管部门颁发的动物防疫条件合格证，2 年内无重大动物疫病和产品质量安全事件发生记录

（1）概述 此项为必备项。根据《动物防疫法》及《动物防疫条件审查办法》，动物饲养场应符合《动物防疫条件审查办法》所规定的动物防疫条件，并取得动物防疫条件合格证。养殖场 2 年内无重大动物疫病和产品质量安全事件发生。

（2）评估要点 查看养殖场的动物防疫条件合格证、无重大动物疫病以及产品质量安全相关记录。

（3）入围原则 取得动物防疫条件合格证并在有效期内（或年审合格）的，以及 2 年内无重大动物疫病和产品质量安全事件发生且记录完整的，认为此项为符合；不能提供动物防疫条件合格证或动物防疫条件合格证不在有效期内（或年审不合格）的，或不能提供 2 年内无重大动物疫病和产品质量安全事件发生记录的，为不符合，不予入围。

Ⅳ 种畜禽养殖企业具有县级以上畜牧兽医主管部门颁发的种畜禽生产经营许可证

（1）概述 此项为必备项。《种畜禽管理条例》第十五条规定，生产经营种畜禽的单位和个人，必须向县级以上人民政府畜牧兽医行政主管部门申领种畜禽生产经营许可证。生产经营畜禽冷冻精液、胚胎或其他遗传材料的，由农业农村部或省、自治区、直辖市人民政府畜牧兽医行政主管部门核发种畜禽生产经营许可证。

（2）评估要点 查看养殖场的种畜禽生产经营许可证。

（3）入围原则 取得种畜禽生产经营许可证并在有效期内的，认为此项为符合；不能提供种畜禽生产经营许可证或种畜禽生产经营许可证不在有效期内的，为不符合，不予入围。

Ⅴ 有病死动物和粪污无害化处理设施设备或有效措施

（1）概述 此项为必备项。《畜牧法》第三十九条规定，畜禽养殖场、养殖小区应有对畜禽粪便、废水和其他固体废弃物进行综合利用的沼气池等设施或者其他无害化处理设施；《畜禽规模养殖污染防治条例》第十三条规定，畜禽养殖场、养殖小区应当根据养殖规模和污染防治需要，建设相应的畜禽粪便、污水与雨水分流设施，畜禽粪便、污水的储存设施，粪污厌氧消化和堆沤、有机肥加工、制取沼气、沼渣沼液分离和输送、污水处理、畜禽尸体处理等综合利用和无害化处理设施。已经委托他人对畜禽养殖废弃物代为综合利用和无害化处理的，可以不自行建设综合利用和无害化处理设施。

（2）评估要点　现场查看养殖场病死动物和粪污无害化处理设施设备，以及相关文件记录。

（3）入围原则　养殖场具有病死动物和粪污无害化处理设施设备，或有效的动物无害化处理措施，认为此项为符合；否则为不符合，不予入围。

Ⅵ　种猪场生产母猪存栏量500头以上（地方保种场除外）

（1）概述　此项为必备项。种猪场生产母猪的数量是其规模化养殖的体现和证明。

（2）评估要点　查看养殖场养殖档案等相关文件或记录。

（3）入围原则　能提供养殖场最新的养殖档案等相关文件或记录，认为此项为符合；否则为不符合，不予入围。

二、评分项目

该部分条款为规模化种猪场主要动物疫病净化场现场综合审查的评分项，共计85小项，满分100分，根据现场审查实际情况逐项评分。

（一）人员管理

1. 有净化工作组织团队和明确的责任分工

（1）概述　动物疫病净化为一项长期性、系统性的工作，应由养殖企业主要负责人牵头组建净化工作组织团队，并明确责任分工，确保净化各项措施有效落实。

（2）评估要点　查阅净化工作组织团队名单、责任分工等相关证明材料。

（3）给分原则　组建净化团队并分工明确，材料完整，得1分；仅组建净化团队，无明确分工，得0.5分；无明确的净化团队，不得分。

2. 全面负责疫病防治工作的技术负责人具有畜牧兽医相关专业本科以上学历或中级以上职称

（1）概述　养殖场应按照《畜禽养殖场质量管理体系建设通则》（NY/T 1569）要求，建立岗位管理制度，明确岗位职责，从业人员应取得相应资质。疫病防治工作技术负责人，专业知识、能力和水平关系到养殖场疫病净化的实施和效果，应对其专业素质做出明确规定。

（2）评估要点　查阅技术负责人档案及相关证书。

（3）给分原则　具有畜牧兽医相关专业本科以上学历或中级以上职称，得0.5分；否则不得分。

3. 全面负责疫病防治工作的技术负责人从事养猪业 3 年以上

（1）概述　同上条。养殖场疫病防治工作技术负责人需具有较丰富的从业经验。

（2）评估要点　查阅技术负责人档案并询问其工作经历。

（3）给分原则　从事养猪业 3 年以上，得 0.5 分；否则不得分。

4. 建立了合理的员工培训制度和培训计划

（1）概述　养殖场应按照 NY/T 1569、《无公害农产品　生产质量安全控制技术规范》（NY/T 2798）要求，建立培训制度，制订培训计划并组织实施。直接从事种畜禽生产的工人需要经过专业技术培训，熟练掌握相应的生产基本知识和技能，养殖场应安排资金用于员工职业技术培训。

（2）评估要点　查阅员工培训制度及近 1 年员工培训计划。

（3）给分原则　有员工培训制度和培训计划，得 0.5 分；否则不得分。

5. 有完整的员工培训考核记录

（1）概述　养殖场制定的各项管理制度和生产规程、技术规范，需要通过一定的宣贯方式，传达到每一位员工，并使其知悉和掌握。

（2）评估要点　查阅近 1 年员工培训考核记录，重点查看各生产阶段员工培训考核记录。

（3）给分原则　有员工培训考核记录，得 0.5 分；否则不得分。

6. 从业人员有健康证明

（1）概述　养殖场应按照《无公害食品　畜禽饲养兽医防疫准则》（NY/T 5339）、NY/T 2798 要求，建立职工健康档案；从业人员每年进行一次健康检查并获得健康证。同时，要求饲养人员应具备一定的自身防护常识。

（2）评估要点 现场查阅养殖场从业人员，特别是与生产密切相关岗位人员的健康证明。

（3）给分原则 与生产密切相关工作岗位从业人员具有健康证明，得0.5分；否则不得分。

7. 有1名以上本场专职兽医技术人员获得执业兽医资格证书

（1）概述 按照《兽用处方药和非处方药管理办法》《执业兽医管理办法》、NY/T 1569、NY/T 2798等要求，养殖场应聘任专职兽医，本场兽医应获得执业兽医资格证书。

（2）评估要点 现场查看养殖场专职兽医的执业兽医资格证书和专职证明性记录（如社保或工资发放证明）。

（3）给分原则 本场有1名以上的专职兽医技术人员取得执业兽医资格证书，得1分；否则不得分。

（二）结构布局

8. 场区位置独立，与主要交通干道、居民区、屠宰厂（场）、交易市场有效隔离

（1）概述 按照《动物防疫条件审查办法》《规模猪场建设》（GB/T 17824.1）、《畜禽场场区设计技术规范》（NY/T 682）、NY/T 5339等要求，畜禽场选址应符合环境条件要求，并与主要交通干道、生活区、屠宰厂（场）、交易市场等容易产生污染的单位保持有效距离。种猪场按照《动物防疫条件审查办法》规定，场区位置距离生活饮用水源地、动物饲养场、养殖小区和城镇居民区、文化教育科研等人口集中区域及公路、铁路等主要交通干线1 000m以上；距离动物隔离场所、无害化处理场所、动物屠宰加工场所、动物和动物产品集贸市场、动物诊疗场所3 000m以上。

（2）评估要点 现场查看养殖场场区位置与周边环境。

（3）给分原则 部分养殖场要达到规定的隔离距离要求，实际操作难度较大，需现场仔细查看周边环境和隔离设施或措施（例如，树木等自然屏障隔离等），位置独立且能满足有效隔离要求的得2分；位置独立但不能有效隔离的，得1分；否则不得分。

9. 场区周围有有效防疫隔离带

（1）概述　防疫隔离带是疫病防控的基础性组成部分，按照《动物防疫条件审查办法》等要求，种猪场周围应有绿化隔离带。

（2）评估要点　现场查看防疫隔离带。防疫隔离带可以是围墙、防风林、灌木、防疫沟或其他的物理隔离形式，有利于切断人员、车辆的自由流动。

（3）给分原则　有防疫隔离带，得 0.5 分；否则不得分。

10. 养殖场防疫标识明显（有防疫警示标语、标牌）

（1）概述　防疫标识是疫病防控的基础性组成部分。依据有关法规，按照 NY/T 5339 要求，养殖场应设置明显的防疫警示标牌，禁止任何来自可能染疫地区的人员及车辆进入场内。

（2）评估要点　现场查看防疫警示标牌。

（3）给分原则　有明显的防疫警示标识，得 0.5 分；否则不得分。

11. 分点饲养

（1）概述　因养殖场内不同月龄的猪在饲养管理、免疫预防等环节存在一定差别，对生产区内猪按照生长阶段不同进行分群分区、分点等模式进行饲养管理，把日龄、体况相近的猪集中到一起饲养，便于使环境条件更适合每头猪，这是规模化养殖场对种猪场内部环境合理布局、规范管理的必然要求，也是切断动物疫病传播的有效手段。分点饲养指种猪、生长猪等按照饲养阶段分别饲养在不同的地点，各区之间相互独立且相隔一定的距离，人员、设备和用具分开，有独立的院墙和淋浴设施设备。

（2）评估要点　现场查看养殖场布局和猪饲养情况。可以通过现场查看养殖场布局，了解猪场整体布局及分点、分区饲养情况。

（3）给分原则　猪场能实现两点或三点式分点饲养，即将种猪、生长猪等按照饲养阶段分别饲养在不同的地点，每个地点相对独立，得 2 分；未进行分点但在生产区内按照其功能不同将种猪区、保育区、生长区分开建设，得 1 分；否则不得分。

12. 办公区、生产区、生活区、粪污处理区和无害化处理区完全分开且相距 50m 以上

（1）概述　场区设计和布局应符合《动物防疫条件审查办法》、GB/T

17824.1、NY/T 682等规定，设计合理，布局科学。生产区与生活办公区分开，并有隔离设施。生产区与污水处理区、病死猪无害化处理区等高风险区域有效隔离是保证猪场生物安全的有效手段。

（2）评估要点　现场查看养殖场布局。生活区应在场区地势较高上风处，与生产区严格分开，距离50m；辅助生产区设在生产区边缘下风处，饲料加工车间远离饲养区；粪污处理、无害化处理、病猪隔离区（包括兽医室）分别设在生产区外围下风地势低处；用围墙或绿化带与生产区隔离，隔离区与生产区通过污道连接。另外，病猪隔离区与生产区距离300m，粪污处理区与功能地表水体距离400m。

（3）给分原则　生产区与其他各区均距离50m以上者，得2分；其他任意两区未有效分开得1分；生产区与生活区未区分者，不得分。

13. 对外销售猪的出猪台与生产区保持有效距离

（1）概述　出猪台情况复杂，所涉及人员、车辆、工具等疫病传播风险很高，为有效切断动物疫病传播途径，应突出强调出猪台与生产区的有效隔离。

（2）评估要点　出猪台与生产区有效隔离，一般为物理距离、有效物理隔离和相应制度措施。同时，现场查看出猪台与生产区距离。

（3）给分原则　出猪台与生产区保持有效隔离，且两者距离50m以上（含），得1分；出猪台与生产区保持一定物理距离，或有有效物理隔离，但未达到50m以上，得0.5分；否则不得分。

14. 净道与污道分开

（1）概述　生产区净道与污道分开是切断动物疫病传播途径的有效手段。按照《动物防疫条件审查办法》规定，生产区内净道、污道分设；污道在下风向；粪污处理和病畜隔离区应有单独通道；运输饲料的道路与污道应分开。

（2）评估要点　现场查看净道、污道设置。

（3）给分原则　净道与污道完全分开，不交叉得2分；有个别点状交叉但规定使用时间及消毒措施，得1.5分；净道与污道存在部分交叉得1分；净道与污道未区分，不得分。

(三) 栏舍设置

15. 有独立的引种隔离舍

(1) 概述 引种隔离在养殖场日常生产工作中具有重要作用。引种隔离栏舍,作为种猪场规范化运行内容,有利于降低种猪群疫病传入、传播风险。引种隔离应符合《种畜禽调运检疫技术规范》(GB/T 16567)、NY/T 5339 规定。

(2) 评估要点 现场查看引种隔离舍;查看其是否独立设置。

(3) 给分原则 引种隔离舍独立设置,得 1 分;否则不得分。

16. 有相对隔离的病猪专用隔离治疗舍

(1) 概述 为降低病猪传播疫病的风险,按照《动物防疫条件审查办法》要求,饲养场应有相对独立的患病动物隔离舍。主要用于病猪隔离和治疗。按照 NY/T 2798、NY/T 5339、NY/T 682 等要求,病猪隔离区主要包括兽医室、隔离猪舍,应设在生产区外围下风地势低处,远离生产区 (与生产区保持 300m 以上间距),与生产区有专用通道相通,与场外有专用大门相通。

(2) 评估要点 现场查看病猪专用隔离治疗舍。现场检查其位置是否合理,是否与生产区相对独立并保持一定间距。

(3) 给分原则 有相对独立的病猪专用隔离治疗舍,且位置合理,得 1 分;否则不得分。

17. 有预售种猪观察舍或设施

(1) 概述 按照 NY/T 682 要求,种猪场应设有观察舍、称重装置、装(卸)平台等设施。种猪预售前的观察,应禁止选种人员进入猪舍与猪群直接接触。可以通过隔离间玻璃观察,也可以通过现场视频监控观察。

(2) 评估要点 现场查看预售种猪观察舍或设施。

(3) 给分原则 有预售种猪观察舍或设施,得 1 分;否则不得分。

18. 每栋猪舍均有自动饮水系统

(1) 概述 自动饮水系统是衡量现代化养殖的一项重要参考指标。

(2) 评估要点 现场查看自动饮水系统。

（3）给分原则 有自动饮水系统，得0.5分；否则不得分。

19. 保育舍有可控的饮水加药系统

（1）概述 饮水加药系统是衡量现代化养殖的一项重要参考指标，饮水加药方式对疫病预防和治疗，相对快速、简便、准确且成本低。

（2）评估要点 现场查看保育舍可控的饮水加药系统。

（3）给分原则 保育舍有可控的饮水加药系统，得0.5分；否则不得分。

20. 猪舍通风、换气和温控等设施设备运转良好

（1）概述 通风换气、温度调节设备，是衡量现代化养殖的一项重要参考指标。按照《规模猪场生产技术规范》（GB/T 17824.2）、《规模猪场环境参数与环境管理》（GB/T 17824.3）、《畜禽场环境污染控制技术规范》（NY/T 1169）要求，猪舍建设应满足隔热、采光、通风、保温要求，配置降温、防寒、通风设施设备。夏季应减少热辐射、通风、降温，猪舍温度、湿度、气流、光照应满足猪不同饲养阶段的需求。GB/T 17824.3、《畜禽场环境质量标准》（NY/T 388）规定了舍区生态环境应达到的具体指标。

（2）评估要点 现场查看猪舍换气设备和温控设施设备。

（3）给分原则 猪舍有通风、换气和温控系统等设施设备且运转良好，得1分；猪舍有通风、换气和温控系统等设施设备但未正常运转，得0.5分；猪舍无通风、换气和温控系统等设施设备，不得分。

（四）卫生环保

21. 场区卫生状况良好，垃圾及时处理，无杂物堆放

（1）概述 良好的卫生环境，既体现养殖场现代化管理水平，也体现养殖场对生物安全管理的重视。按NY/T 2798要求，种猪场应场区整洁，垃圾合理收集、污物及时清扫干净，保持环境卫生。及时清除杂草和水坑等蚊蝇滋生地，消灭蚊蝇。

（2）评估要点 现场查看场区内垃圾集中堆放，位置是否合理，是否有杂物堆放。

（3）给分原则 场区卫生状况良好，无垃圾杂物堆放，得1分；否则不

得分。

22. 能实现雨污分流

（1）概述　为保持种猪场环境卫生，减少疫病传播风险，防止对外界环境的污染，应做到雨水、污水分流排放。按照《规模猪场清洁生产技术规范》（GB/T 32149）要求，场区的雨水和污水排放设施设备应分离，污水应采用暗沟或地下管道排入粪污处理区。

（2）评估要点　现场查看雨污分流排放情况。

（3）给分原则　能实现雨污分流，得1分；否则不得分。

23. 生产区具备有效的防鼠、防虫媒、防犬猫、防鸟进入的设施设备或措施

（1）概述　鼠、虫、犬猫、鸟类常携带多种病原体，对种猪场养殖具有较大威胁。按照《动物防疫条件审查办法》要求，种畜禽场应有必要的防鼠、防鸟、防虫设施设备或者措施。按照 NY/T 2798 要求，种猪场应采取措施控制啮齿类动物和虫害，防止污染饲料，要定时定点投放灭鼠药，对废弃鼠药和毒死鸟鼠等，按国家有关规定处理。

（2）评估要点　现场查看猪场内环境卫生，尤其是低洼地带、墙基、地面；查看饲料存储间的防鼠设施设备；查看猪舍外墙角的防鼠碎石/沟；查看防鼠的措施和制度；向养殖场工作人员了解防鼠灭鼠措施和设施设备。

（3）给分原则　有防鼠害的措施和制度，饲料存储间、猪舍外墙角有必要的防鼠设施设备，日常开展防鼠灭鼠工作，能够有效防鼠，得1分；否则不得分。

24. 场区禁养其他动物，并防止周围其他动物进入场区

（1）概述　按照 NY/T 2798 等规范要求，种猪场不应饲养其他畜禽。按照 NY/T 2798、NY/T 5339 等规范要求，不得将畜禽及其产品带入场区。鉴于犬猫可携带多种人兽共患传染病病原，是多种寄生虫的宿主，对于动物疫病净化潜在影响较大，因此，动物疫病净化养殖场原则上不得喂养犬猫及其他动物。

（2）评估要点　查看防止外来动物进入场区的设施设备，查看场区是否饲养其他动物。

（3）给分原则　场区未饲养其他动物，现有设施设备措施能有效防止周围其

他动物进入场区，得1分；否则不得分。

25. 粪便及时清理、转运；存放地点有防雨、防渗漏、防溢流措施

（1）概述　养殖场清粪工艺、频次，粪便堆放、处理应按照《畜禽粪便贮存设施设计要求》（GB/T 27622）、《畜禽粪便无害化处理技术规范》（NY/T 1168）、《畜禽粪便安全使用准则》（NY/T 1334）等要求执行。采取干清粪工艺，日产日清；收集过程采取防扬撒、防流失、防渗透等工艺；粪便定点堆积；储存场所有防雨、防渗透、防溢流措施；实行生物发酵等粪便无害化处理工艺以达到《粪便无害化卫生标准》（GB/T 7959）规定。利用无害化处理后的粪便生产有机肥，应符合《有机肥料》（NY/T 525）规定；生产复混肥，应符合《有机-无机复混肥料》（GB/T 18877）的规定。未经无害化处理的粪便，不得直接施用。养殖场发生重大疫情时，按照防疫有关要求处理粪便。

（2）评估要点　现场查看猪粪储存设施设备和场所。

（3）给分原则　有固定的猪粪储存、堆放设施设备和场所，并有防雨、防渗漏、防溢流措施，或及时转运，得1分；否则不得分。

26. 水质检测符合人畜饮水卫生标准

（1）概述　水与畜禽生命关系密切，是其机体的重要组成部分，因水质导致畜禽疫病或死亡，也一定程度上影响公共卫生安全。根据GB/T 17824.3要求，畜禽场饮用水水质应达到《生活饮用水卫生标准》（GB/T 5749）或《无公害食品　畜禽饮用水水质》（NY/T 5027）。按照《畜禽场环境质量及卫生控制规范》（NY/T 1167）、NY/T 2798要求，养殖场应定期检测饮用水质，定期清洗和消毒供水、饮水设施设备。

（2）评估要点　查看有资质实验室出具的水质检测报告。

（3）给分原则　有相关部门水质检测报告且满足GB/T 5749或NY/T 5027要求，得0.5分；否则不得分。

27. 具有县级以上环保行政主管部门的环评验收报告或许可

（1）概述　《畜禽规模养殖污染防治条例》规定，新、改、扩建养殖场，应当满足动物防疫条件，并进行环境影响评价。项目按照其对环境的影响程度分别编制环境影响报告书、报告表、登记表。

（2）评估要点 查看县级以上环保行政主管部门的环评验收报告或许可。

（3）给分原则 具有县级以上环保行政主管部门的环评验收报告或许可，得0.5分；否则不得分。

（五）无害化处理

28. 粪污的无害化处理符合生物安全要求

（1）概述 粪污应遵循减量化、无害化和资源化的原则，场区内应有与生产规模及其他设施设备相匹配的粪污处理设施设备，粪污经无害化处理后应符合《畜禽养殖业污染物排放标准》（GB/T 18596）规定的排放要求。种猪场宜采用堆肥发酵方式对粪污进行无害化处理，处理结果应符合《畜禽粪便无害化处理技术规范》（NY/T 1168）的要求。

（2）评估要点 粪污处理设施设备和处理能力是否与生产规模相匹配，是否采用堆肥发酵等方式对粪污进行无害化处理。

（3）给分原则 粪污处理设施设备和处理能力与生产规模相匹配，处理结果证明符合 NY/T 1168 相关要求，得1分；否则不得分。

29. 病死动物剖检场所符合生物安全要求

（1）概述 病死动物通常带有大量病原，如在没有生物安全防护的场所对其剖检，极易造成病原的扩散而污染环境和养殖场内易感动物。按照《无公害农产品 兽药使用准则》（NY/T 5030）要求，发生动物死亡，应请专业兽医解剖，分析原因。解剖场所应远离生产区，剖检过程应做好生物安全防护，不得形成二次污染。

（2）评估要点 现场查看病死动物剖检场所的位置及生物安全状况；不在场内剖检的，查看病死猪无害化处理相关记录。

（3）给分原则 病死动物剖检场所远离生产区并符合生物安全要求，得1分；不在场内剖检的，病死猪无害化处理符合生物安全要求并且相关记录完整，得1分；否则不得分。

30. 建立了病死猪无害化处理制度

（1）概述 按照《动物防疫条件审查办法》、NY/T 1569 要求，畜禽养殖场应建立对病、死畜禽的治疗、隔离、处理制度。

（2）评估要点　查阅病死猪无害化处理制度。

（3）给分原则　建立了病死猪无害化处理制度，得 2 分；否则不得分。

31. 病死猪无害化处理设施设备运转有效或措施实施有效并符合生物安全要求

（1）概述　按照《畜禽规模养殖污染防治条例》《动物防疫条件审查办法》等法规要求，养殖场应具备病死猪无害化处理设施设备。病死猪及相关动物产品、污染物应按照《病死及病害动物无害化处理技术规范》进行无害化处理，消毒工作按《畜禽产品消毒规范》（GB/T 16569）进行消毒。

（2）评估要点　现场查看病死猪无害化处理设施设备及其运转情况。

（3）给分原则　配备焚烧炉、化尸池或其他病死猪无害化处理设施设备且运转正常，或具有其他有效的动物无害化处理措施，得 2 分；配备焚烧炉、化尸池或其他病死猪无害化处理设施设备但未正常运转，得 1 分；否则不得分。或是由地方政府统一收集进行无害化处理且不能当日拉走的，场内有病死动物低温暂存设施设备并能够提供完整记录，得 2 分；记录不完整得 1 分；否则不得分。

32. 有完整的病死猪无害化处理记录并具有可追溯性

（1）概述　病死猪无害化处理既是猪场疫病净化的主要内容，也是平时开展疫病诊断、预防的重要环节，处理记录应具有可追溯性。养殖场无害化处理记录内容应按 NY/T 1569 规定填写。

（2）评估要点　查阅相关档案，抽取病死猪记录，追溯其隔离、淘汰、诊疗、无害化处理等相关记录。

（3）给分原则　病死猪无害化处理档案完整、可追溯，得 2 分；病死猪无害化处理档案不完整，得 1 分；无病死猪无害化处理档案不得分。

33. 无害化处理记录保存 3 年以上

（1）概述　按照《病死及病害动物无害化处理技术规范》要求，无害化处理记录应由相关负责人员签字并妥善保存 2 年以上。为了全面掌握养殖场疫病净化工作开展情况，净化示范（创建）相关记录应保存 3 年以上。

（2）评估要点　查阅近 3 年病死猪处理档案（建场不足 3 年，查阅自建场之日起档案）。

（3）给分原则　档案保存期 3 年及以上（或自建场之日起），得 1 分；档案保存期不足 3 年，得 0.5 分；无档案不得分。

（六）消毒管理

34. 有完善的消毒管理制度

（1）概述　养殖场应建立健全消毒制度，消毒制度应按照 NY/T 1569、NY/T 2798 等要求，结合本场实际制定。

（2）评估要点　现场检查消毒管理制度。

（3）给分原则　有完善的消毒管理制度，得 1 分；有消毒管理制度但不完整，得 0.5 分；无消毒管理制度不得分。

35. 场区入口有有效的车辆消毒池和覆盖全车的消毒设施设备

（1）概述　入场车辆是动物疫病传入的关键风险点之一。按照《动物防疫条件审查办法》、NY/T 5339 要求，场区出入口处设置与门同宽的车辆消毒池。也可按照 NY/T 2798 规定，在场区入口设置能满足进出车辆消毒要求的设施设备。

（2）评估要点　现场查看消毒设施设备。

（3）给分原则　场区入口有车辆消毒池和覆盖全车的消毒设施设备，且能满足车辆消毒要求，得 1 分；仅有消毒池或设施设备但无法完全满足车辆消毒要求，得 0.5 分；否则不得分。

36. 场区入口有有效的人员消毒设施设备

（1）概述　按照《动物防疫条件审查办法》、NY/T 5339 要求，场区出入口处设置消毒室。经管理人员许可，外来人员应在消毒后穿专用工作服进入场区。

（2）评估要点　现场查看消毒设施设备。

（3）给分原则　场区入口有有效的人员消毒设施设备，得 1 分；有人员消毒设施设备但不能完全满足人员消毒要求，得 0.5 分；否则不得分。

37. 有严格的车辆及人员出入场区消毒及管理制度

（1）概述　养殖场应按照 NY/T 1569 要求，建立出入场区消毒管理制度和岗位操作规程，明确对出入车辆和人员的控制、消毒措施和效果。

（2）评估要点　查阅车辆及人员出入管理制度。

（3）给分原则　建立了严格的车辆及人员出入场区消毒及管理制度，得 1 分；否则不得分。

38. 车辆及人员出入场区消毒管理制度执行良好并记录完整

（1）概述　对车辆及人员出入和消毒情况进行记录，记录内容参照 NY/T 2798 设置。

（2）评估要点　查阅车辆及人员出入记录、现场观察。

（3）给分原则　严格执行车辆及人员出入场区消毒管理制度并记录完整，得 1 分；执行不到位或记录不完整，得 0.5 分；否则不得分。

39. 生产区入口有有效的人员消毒、淋浴设施设备

（1）概述　按照《动物防疫条件审查办法》、NY/T 2798、NY/T 5339 等要求，生产区入口处应设置更衣消毒室。消毒通道应有地面消毒和紫外线消毒。

（2）评估要点　现场查看消毒、淋浴设施设备。

（3）给分原则　生产区入口有人员消毒、淋浴设施设备，运行有效，得 1 分；生产区入口有人员消毒、淋浴设施设备但不能完全满足消毒要求，得 0.5 分；否则不得分。

40. 有严格的人员进入生产区消毒及管理制度

（1）概述　按照《动物防疫条件审查办法》、NY/T 2798、NY/T 5339 等要求制定人员进入生产区管理制度。明确本场职工、外来人员进入生产区的管理及消毒规程。按照 NY/T 2798 要求，应建立出入登记制度，非生产人员未经许可不得进入生产区；人员进入生产区，应穿工作服经过消毒间，洗手消毒后方可入场并遵守场内防疫制度。

（2）评估要点　查阅人员出入生产区消毒及管理制度。

（3）给分原则　建立了人员出入生产区消毒及管理制度，得 1 分；否则不得分。

41. 人员进入生产区消毒及管理制度执行良好并记录完整

（1）概述　对人员出入和消毒情况进行记录，记录内容参照 NY/T 2798

设置。

（2）评估要点　查阅人员出入生产区记录。

（3）给分原则　人员出入生产区消毒及管理制度执行良好并记录完整，得 1 分；执行不到位或者记录不完整，得 0.5 分；否则不得分。

42. 每栋猪舍入口有消毒设施设备

（1）概述　按照《动物防疫条件审查办法》，各养殖栋舍出入口设置消毒池或者消毒垫。消毒设施设备主要用于出入人员和器具的消毒。

（2）评估要点　现场查看消毒设施设备。

（3）给分原则　各养殖栋舍出入口设置有消毒设施设备，得 1 分；部分养殖栋舍出入口有消毒设施设备，得 0.5 分；否则不得分。

43. 人员进入猪舍前消毒执行良好

（1）概述　进入猪舍人员的消毒需执行到位。

（2）评估要点　现场查看。

（3）给分原则　人员进入猪舍消毒执行良好，得 1 分；否则不得分。

44. 栋舍、生产区内部有定期消毒措施且执行良好

（1）概述　生产区内消毒是消灭病原、切断传播途径的有效手段，猪舍、周围环境、猪体、用具等消毒措施应符合 NY/T 5339、NY/T 2798 相关规定。

（2）评估要点　现场查看，并查阅相关消毒制度和岗位操作规程；查看相关记录。

（3）给分原则　有定期消毒制度和措施，执行良好且记录完整，得 1 分；执行不到位或记录不完整，得 0.5 分；否则不得分。

45. 有消毒剂配制和管理制度

（1）概述　科学合理地选择消毒剂种类和消毒方法可以更有效地杀灭病原微生物，养殖场消毒管理制度中应建立科学消毒方法、合理选择消毒剂、明确消毒液配制和定期更换等措施。

（2）评估要点　查阅消毒剂配液和管理制度。

（3）给分原则　相关制度完整，得 0.5 分；否则不得分。

46. 消毒液定期更换，配制及更换记录完整

（1）概述　养殖场要严格执行本场制定的消毒剂配液和管理制度，必须定期更换消毒液，日常的消毒液配制及更换记录应详细完整。

（2）评估要点　查阅消毒液配制和更换记录。

（3）给分原则　定期更换消毒液，配制和更换记录翔实，得 0.5 分；否则不得分。

（七）生产管理

47. 产房、保育舍和生长舍都能实现猪群全进全出

（1）概述　全进全出是整个猪舍同时进猪，同时出栏的养殖方式，是猪场饲养管理、控制疫病的核心。规模化猪场应实行同一批次猪同时进、出同一猪舍单元的饲养管理制度。空栏期彻底清洁、冲洗和消毒，可以显著降低疫病风险。

（2）评估要点　现场查看养殖场养殖档案、销售记录等相关文件。

（3）给分原则　能提供养殖场产房、保育舍和生长舍全进全出的养殖档案、销售记录等证明性文件，得 2 分；保育舍或生长舍不能全进全出，得 1 分；产房不能全进全出，不得分。

48. 制定了投入品（含饲料、兽药、生物制品）使用管理制度，执行良好并记录完整

（1）概述　养殖场应按照《畜牧法》《中华人民共和国农产品质量安全法》《畜禽标识和养殖档案管理办法》《饲料和饲料添加剂管理条例》和《兽药管理条例》等法律法规，建立投入品管理和使用制度，并严格执行。NY/T 2798 等规定：购进饲料及饲料添加剂，应符合《饲料卫生标准》（GB/T 13078）的规定及其产品质量标准，不得添加农业农村部公布的禁用物质；购进兽药应符合《中华人民共和国兽药典》等规定，不得添加农业农村部公告中禁止使用的药品和其他化合物。饲料和饲料添加剂的使用，应符合《无公害食品　畜禽饲料和饲料添加剂使用准则》（NY/T 5032）的规定；兽药的使用，应符合《无公害农产品　兽药使用准则》（NY/T 5030）、《饲料药物添加剂使用规范》的规定。

（2）评估要点　查阅养殖场管理制度，是否涵盖饲料、兽药、生物制品管理

使用制度；现场观察各项制度执行情况。

（3）给分原则 建立了投入品（含饲料、兽药、生物制品）使用制度并执行良好、记录完整，得1分；执行不到位或记录不完整，得0.5分；否则不得分。

49. 饲料、药物、疫苗等不同类型的投入品分类分开储藏，标识清晰

（1）概述 养殖场饲料、兽药、生物制品等不同类型的投入品应分类储存，防止污染和交叉污染。投入品储存按照 NY/T 2798 规定执行。饲料库和配料库中不同类型的饲料应分类存放，先进先出；添加兽药的饲料与其他饲料分开储藏；不同类别的兽药和生物制品按说明书规定分类储存；投入品储存状态标示清楚，有安全保护措施。

（2）评估要点 现场查看饲料、药物、疫苗等不同类型的投入品储藏状态和标识。

（3）给分原则 各类投入品按规定要求分类储藏，标识清晰，得1分；否则不得分。

50. 生产记录完整，包括配种、妊检、产仔、哺育、保育与生长等记录

（1）概述 生产档案既是《畜禽标识和养殖档案管理办法》《种畜禽管理条例实施细则》要求的内容，也是规范化养殖场应具备的基础条件。养殖场应按照 NY/T 1569、NY/T 5339 规定，根据监控方案要求，做好生产过程各项记录，以提供符合要求和质量管理体系有效运行的证据。

（2）评估要点 查阅养殖场配种、妊检、产仔、哺育、保育与生长等生产档案。

（3）给分原则 生产记录档案齐全，得1分；任缺1项，扣0.5分，扣完为止。

51. 有健康巡查制度及记录

（1）概述 建立健康巡查制度能及时发现可疑现象并采取防控措施，将发病范围控制到最小，损失降到最低。种猪场应定期按照《生猪产地检疫规程》要求，对猪群进行临床健康检查。按照 NY/T 2798 要求，应定期巡查猪群和设备情况，发现异常及时处理。

（2）评估要点　查阅养殖场健康巡查制度及记录。

（3）给分原则　建立了健康巡查制度并执行良好、记录完整，得 1 分；执行不到位或者记录不完整，得 0.5 分；否则不得分。

52. 根据当年生产报表，母猪配种分娩率（分娩母猪/同期配种母猪）80%（含）以上

（1）概述　母猪配种分娩率能够反映出养殖场饲养管理水平和疫病防控水平。

（2）评估要点　根据当年生产报表计算母猪配种分娩率。

（3）给分原则　母猪配种分娩率 80%（含）以上，得 1 分；否则不得分。

53. 全群成活率 90% 以上

（1）概述　全群成活率能够反映出养殖场饲养管理水平和疫病防控水平。

（2）评估要点　根据当年生产报表计算全群成活率。

（3）给分原则　全群成活率 90% 以上，得 1 分；否则不得分。

（八）防疫管理

54. 卫生防疫制度健全，有传染病应急预案

（1）概述　《动物防疫法》规定，动物饲养场应有完善的动物防疫制度。《动物防疫条件审查办法》、NY/T 1569 规定，养殖场应建立卫生防疫制度。养殖场应根据动物防疫制度要求建立完善相关岗位操作规程，按照操作规程的要求建立档案记录。同时，养殖场应按照 NY/T 5339、NY/T 2798 有关要求，建立突发传染病应急预案，本场或本地发生疫情时做好应急处置。

（2）评估要点　现场查阅卫生防疫管理制度。查看制度、岗位操作规程、相关记录是否能够互相印证，并证明质量管理体系的有效运行。

现场查阅传染病应急预案。

（3）给分原则　卫生防疫制度健全，岗位操作规程完善，相关档案记录能证明各项防疫工作有效实施；有传染病应急预案，得 2 分；有相关制度、应急预案但不完善，得 1 分；既无制度或制度不受控，又无传染病应急预案，不得分。

55. 有独立兽医室

（1）概述　养殖场应按照《动物防疫条件审查办法》、NY/T 682 要求，设置独立的兽医工作场所，开展常规动物疫病检查诊断和检测。

（2）评估要点　现场查看是否设置独立的兽医室，并符合本释义第 12、16 条的规定。

（3）给分原则　有独立兽医室，得 1 分；否则不得分。

56. 兽医室具备正常开展临床诊疗和采样条件

（1）概述　按照《动物防疫条件审查办法》要求，兽医室需配备疫苗储存、消毒和诊疗设备，具备开展常规动物疫病诊疗和采样的条件。鼓励有条件的养殖场建设完善的兽医实验室，为本场开展疫病净化监测提供便利条件。

（2）评估要点　现场查看实验室是否具备正常开展临床诊疗和采样工作的设施设备。

（3）给分原则　兽医室具有相应设施设备，能正常开展血清、病原样品采样工作，具备开展听诊、触诊等基本临床检查和诊疗工作的条件，得 1 分；否则不得分。

57. 兽医诊疗与用药记录完整

（1）概述　养殖场应按照 NY/T 1569、NY/T 5030、NY/T 5339 规定，完善诊疗和兽药使用记录。记录内容应不少于 NY/T 2798 所列各项。

（2）评估要点　查阅至少近 3 年以来的兽医诊疗与用药记录；养殖建场不足 3 年的，要查阅建场以来所有的兽医诊疗与用药记录。

（3）给分原则　有完整的 3 年及以上兽医诊疗与用药记录，得 1 分；有兽医诊疗与用药记录但未完整记录或保存不足 3 年，得 0.5 分；否则不得分。

58. 有完整的病死动物剖检记录及剖检场所消毒记录

（1）概述　对病死动物进行剖检须记录当时状况和剖检结果等信息，便于分析和追溯养殖场疫病流行情况。参照本释义第 32 条。

（2）评估要点　查阅病死动物剖检记录及剖检场所消毒记录。

（3）给分原则　有病死动物剖检记录及剖检场所消毒记录，且记录完整，得

1分；否则不得分。

59. 有动物发病记录、阶段性疫病流行记录或定期猪群健康状态分析总结

（1）概述 全面记录分析、总结养殖场内动物发病、阶段性疫病流行或定期猪群健康状态，可掌握养殖场内疫病流行形势，有利于疫病的综合防控。按照 NY/T 1569 要求，养殖场应该建立对生产过程的监控方案，同时建立内部审核制度。养殖场应定期分析、总结生产过程中各项制度、规程及猪群健康状况，按照 NY/T 5047 要求，猪群都应有相关资料记录。按照 NY/T 5339 要求，动物群体相关记录具体内容包括：畜种及来源、生产性能、饲料来源及消耗、兽药使用及免疫、日常消毒、发病情况、实验室检测及结果、死亡率及死亡原因、无害化处理情况等。按照 NY/T 1569、NY/T 2798 规定的填写内容要求，猪群发病记录与养殖场诊疗记录可合并；阶段性疫病流行或定期猪群健康状态分析可结合周期性内审或年度工作报告一并进行。

（2）评估要点 查阅养殖场动物发病记录、阶段性疫病流行记录或猪群健康状态分析总结。

（3）给分原则 有相应的记录和分析总结，记录与总结详尽完整，得1分；不够完整，得 0.5 分；没有记录和总结，不得分。

60. 制订了科学合理的免疫程序，执行良好并记录完整

（1）概述 科学的免疫程序是疫病防控的重要环节，防疫档案既是《畜禽标识和养殖档案管理办法》要求的内容，也是养殖场开展疫病净化应具备的基础条件。养殖场应按照《动物防疫法》及其配套法规要求，结合本地实际，建立本场免疫制度，制订免疫计划，按照 NY/T 5339 要求，确定免疫程序和免疫方法，采购的疫苗应符合《兽用生物制品质量标准》，免疫操作按照《动物免疫接种技术规范》（NY/T 1952）执行。

（2）评估要点 查阅养殖场免疫制度、计划、免疫程序；查阅近 3 年免疫记录。

（3）给分原则 免疫程序科学合理，免疫档案记录完整，得2分；免疫程序不合理或档案不完整，得1分；否则不得分。

（九）种源管理

61. 建立了科学合理的引种管理制度

（1）概述　养殖场应建立引种管理制度，规范引种行为。引种申报及隔离符合 NY/T 5339、NY/T 2798 规定。引进的活体动物、精液实施分类管理，从购买、隔离、检测、混群等方面应做出详细规定。按照 GB/T 17824.2 规定对引进种猪进行隔离观察。

（2）评估要点　现场查阅养殖场的引种管理制度。

（3）给分原则　建立了科学合理的引种管理制度，得 1 分；否则不得分。

62. 引种管理制度执行良好并记录完整

（1）概述　为从源头控制疫病的传入风险，应严格执行引种管理制度，并完整记录引种相关各项工作，保证记录的可追溯性。

（2）评估要点　现场查阅养殖场的引种记录。

（3）给分原则　严格执行引种管理制度且记录规范完整，得 1 分；否则不得分。

63. 国内引种来源于有种畜禽生产经营许可证的种猪场；外购精液有动物检疫合格证明；国外引进种猪、精液符合相关规定

（1）概述　按照 NY/T 5339、NY/T 2798 关于种猪引种的要求，养殖场应提供相关资料及证明：输出地为非疫区；省内调运种猪的，输出地县级动物卫生监督机构按照《生猪产地检疫规程》检疫合格；跨省调运须经输入地省级动物卫生监督机构审批，按照《跨省调运乳用种用动物产地检疫规程》检疫合格；运输工具需彻底清洗消毒，持有动物及动物产品运载工具消毒证明；输出方应提供的相关经营资质材料；国外引进种猪或精液的，应持国务院畜牧兽医行政主管部门签发的审批意见及进出口相关管理部门出具的检测报告。

（2）评估要点　查阅种猪供应单位相关资质材料复印件；查阅外购种猪、精液供体的种畜禽合格证、系谱证；查阅调运相关申报程序文件资料；查阅输出地动物卫生监督机构出具的动物检疫合格证明、运输工具消毒证明或进出口相关管理部门出具的检测报告；查阅输入地动物卫生监督机构解除隔离时的检疫合格证明或资料。

（3）给分原则　满足上述所有条件得 1 分；否则不得分。

64. 引进种猪具有"三证"（种畜禽合格证、动物检疫合格证明、种猪系谱证）和检测报告

（1）概述　引种问题，是养殖场疫病控制的源头问题。本条款主要关注引种程序。

（2）评估要点　国内引种的，查阅种猪引进过程中的"三证"（种畜禽合格证、动物检疫合格证明、种猪系谱证）及检测报告；国外引进种猪的，查阅国务院畜牧兽医行政主管部门签发的审批意见及进出口相关管理部门出具的检测报告。

（3）给分原则　满足上述所有条件，得1分；否则不得分。

65. *引入种猪进场前、外购供体/精液使用前、本场供体/精液使用前有猪瘟病原或感染抗体检测报告且结果为阴性

（1）概述　引种问题，是养殖场疫病控制的源头问题，本条款主要关注引种质量。

（2）评估要点　查阅引入种猪入场前、外购供体/精液使用前、本场供体/精液使用前的实验室检测报告。

（3）给分原则　有猪瘟病原或感染抗体检测报告且结果全为阴性，得1分；否则不得分。

66. *引入种猪进场前、外购供体/精液使用前、本场供体/精液使用前有口蹄疫病原或感染抗体检测报告且结果为阴性

（1）概述　引种问题，是养殖场疫病控制的源头问题，本条款主要关注引种质量。

（2）评估要点　查阅引入种猪入场前、外购供体/精液使用前、本场供体/精液使用前的实验室检测报告。

（3）给分原则　有口蹄疫病原或感染抗体检测报告且结果全为阴性，得1分；否则不得分。

67. *引入种猪进场前、外购供体/精液使用前、本场供体/精液使用前有猪繁殖与呼吸综合征病原或感染抗体检测报告且结果为阴性

（1）概述　引种问题，是养殖场疫病控制的源头问题，本条款主要关注引种

质量。

（2）评估要点　查阅引入种猪入场前、外购供体/精液使用前、本场供体/精液使用前的实验室检测报告。

（3）给分原则　有猪繁殖与呼吸综合征病原或感染抗体检测报告且结果全为阴性，得 1 分；否则不得分。

68. * 引入种猪入场前、外购供体/精液使用前、本场供体/精液使用前有猪伪狂犬病病原或感染抗体检测报告且结果为阴性

（1）概述　引种问题，是养殖场疫病控制的源头问题，本条款主要关注引种质量。

（2）评估要点　查阅引入种猪入场前、外购供体/精液使用前、本场供体/精液使用前的实验室检测报告。

（3）给分原则　有猪伪狂犬病病原或感染抗体检测报告且结果全为阴性，得 1 分；否则不得分。

69. 有近 3 年完整的种猪销售记录

（1）概述　按照 NY/T 2798 建立种猪销售记录，及时跟踪去向，在发生疫情时可根据销售记录进行追溯。

（2）评估要点　查阅近 3 年种猪销售记录。

（3）给分原则　有近 3 年种猪销售记录并且清晰完整，得 1 分；销售记录不满 3 年或记录不完整，得 0.5 分；无销售记录不得分。

70. 本场销售种猪或精液有疫病抽检记录，并附具动物检疫合格证明

（1）概述　对销售的种猪或精液进行疫病抽检能保证产品安全和质量，提高种猪销售者的责任意识。销售种猪或精液时，严格按程序申报检疫，取得动物检疫合格证明后才可出场销售。

（2）评估要点　查阅本场销售种猪或精液的疫病抽检记录。销售种猪或精液所要附具的动物检疫合格证明。

（3）给分原则　有销售种猪或精液的疫病抽检记录和动物检疫合格证明，得 1 分；否则不得分。

（十）监测净化

71. 有猪瘟年度（或更短周期）监测方案并切实可行

72. 有口蹄疫年度（或更短周期）监测方案并切实可行

73. 有猪繁殖与呼吸综合征年度（或更短周期）监测方案并切实可行

74. 有猪伪狂犬病年度（或更短周期）监测方案并切实可行

（1）概述　猪瘟、口蹄疫、猪繁殖与呼吸综合征、猪伪狂犬病是种猪场重点监测净化的动物疫病。有计划、科学合理地开展主要动物疫病的监测工作，是疫病防控、净化的基础，是保持动物群体健康状态的关键。按照 NY/T 5339、NY/T 2798 要求，养殖场应制订并实施疫病监测方案，常规监测的疫病应包括猪瘟、口蹄疫、猪繁殖与呼吸综合征、猪伪狂犬病。养殖场应接受并配合当地动物防疫机构进行定期不定期的疫病监测工作。

（2）评估要点　查阅近 1 年养殖场猪瘟、口蹄疫、猪繁殖与呼吸综合征、猪伪狂犬病监测方案，包括不同群体的免疫抗体水平和病原感染状况；评估监测方案是否符合本地、本场实际情况。

（3）给分原则

71 条：有猪瘟年度监测方案并切实可行，得 0.5 分；否则不得分。

72 条：有口蹄疫年度监测方案并切实可行，得 0.5 分；否则不得分。

73 条：有猪繁殖与呼吸综合征年度监测方案并切实可行，得 0.5 分；否则不得分。

74 条：有猪伪狂犬病年度监测方案并切实可行，得 0.5 分；否则不得分。

75. ＊检测记录能追溯到种猪及后备猪群的唯一性标识（如耳标号）

（1）概述　养殖场按照《畜禽标识和畜禽档案管理办法》、NY/T 2798 规定，对种猪加以唯一性标识，建立种猪唯一性标识和有效运行的追溯制度。检测记录样品号码与唯一性标识要一致，确保检测记录能追溯到相关动物的唯一性标识。种猪场根据检测结果对不符合种猪要求的猪进行隔离、扑杀或淘汰，检测记录是否能溯源决定着处置结果。

（2）评估要点　抽查检测记录，现场查看是否能追溯到每一头种猪及后备猪群。

（3）给分原则　检测记录具有可追溯性且所有样品均可溯源，得3分；部分检测样品不能溯源，得1分；检测记录不能够溯源到猪群的唯一性标识，不得分。

76. * 根据监测方案开展监测，且监测报告保存3年以上

（1）概述　养殖场应按照 NY/T 5339 等要求，按照监测方案开展监测，并将结果及时报告当地畜牧兽医行政主管部门。

（2）评估要点　查阅近3年监测方案及近3年监测报告（建场不足3年，查阅自建场之日起的资料）。

（3）给分原则　按照监测方案所要求的检测频率、检测数量、动物养殖阶段、检测病种、检测项目开展监测，监测报告保存3年以上的，得3分；监测报告保存期不足3年的，少1年扣1分；监测报告与监测方案差距较大的，不得分。

77. * 开展过主要动物疫病净化工作，有猪瘟/口蹄疫/猪繁殖与呼吸综合征/猪伪狂犬病净化方案

（1）概述　按照 NY/T 2798 要求，养殖场应配合当地畜牧兽医部门，对猪瘟、口蹄疫、猪繁殖与呼吸综合征、猪伪狂犬病进行定期监测和净化，有监测记录和处理记录。示范场/创建场应根据监测结果，制订科学合理的净化方案，逐步净化疫病。

（2）评估要点　查阅猪瘟/口蹄疫/猪繁殖与呼吸综合征/猪伪狂犬病净化方案。

（3）给分原则　有以上任一病种的净化方案，得1分；否则不得分。

78. * 净化方案符合本场实际情况，切实可行

（1）概述　净化方案应根据本场实际情况制订，科学合理，具有可操作性。

（2）评估要点　评估猪瘟/口蹄疫/猪繁殖与呼吸综合征/猪伪狂犬病净化方

案是否符合本场实际情况，是否具有可行性。

（3）给分原则　净化方案符合本场实际情况并切实可行，得2分；净化方案与本场情况较切合，需要进一步完善，得1分；净化方案在本场不具备操作性，不得分。

79. ＊有3年以上的净化工作实施记录，记录保存3年以上

（1）概述　对净化工作实施情况进行全面的记录和保存，是提高养殖场疫病防控、净化综合管理能力的有效手段。

（2）评估要点　查阅猪瘟/口蹄疫/猪繁殖与呼吸综合征/猪伪狂犬病净化实施记录。

（3）给分原则　有以上任一病种的净化实施记录并保存3年以上，得3分；缺少1年扣1分，扣完为止。

80. 有定期净化效果评估和分析报告（生产性能、发病率、阳性率等）

（1）概述　净化效果的评估和分析报告，包括对净化前后生产性能、每个世代发病率等情况的比较，是净化工作成效的具体体现，也是进一步实施净化的目标和动力。种猪场应对净化效果定期进行评估和分析。

（2）评估要点　查阅近3年净化效果具体分析报告或评估报告。

（3）给分原则　有近3年净化效果评估分析报告，能够反映出本场净化工作进展的，得2分；评估分析报告不足3年或报告不完善的，得1分；否则不得分。

81. 实际检测数量与应检测数量基本一致，检测试剂购置数量或委托检测凭证与检测量相符

（1）概述　持续监测是养殖场开展疫病净化的基础，实际检测数量与应检测数量基本一致，检测试剂购置数量或委托检测凭证与检测量相符。

（2）评估要点　查阅养殖场检测试剂购置或委托检测凭证，并核实是否与应检测量相符。

（3）给分原则　有检测试剂购置或委托检测凭证且与应检测量相符，得2分；有检测试剂购置或委托检测凭证但与应检测量不相符，得1分；无检测试剂购置或委托检测凭证不得分。

（十一）场群健康

具有近 1 年内有资质的兽医实验室（即通过农业农村部实验室考核、通过实验室资质认定或 CNAS 认可的兽医实验室）监督检验报告（每次抽检头数不少于 30 头）并且结果符合：

82. 猪瘟净化示范场：符合净化评估标准；创建场及其他病种示范场：种猪群或后备猪群猪瘟免疫抗体合格率≥80%

（1）概述 种猪场疫病流行情况和种猪群健康水平是评估净化效果的重要参考。

（2）评估要点 查阅近 1 年检测报告，计算相应指标。

（3）给分原则 猪瘟净化示范场：检测报告结果为近 1 年内有资质的兽医实验室出具，每次抽检头数≥30，每次检测结果均符合猪瘟净化评估标准，得 5 分；否则不得分。

主要净化评估病种为猪瘟的创建场：检测报告为近 1 年内有资质的兽医实验室出具，每次抽检头数≥30，每次检测结果猪瘟免疫抗体合格率≥80%，得 5 分；检测报告为非有资质兽医实验室出具扣 2 分，单次抽检头数不足 30 头扣 1 分，任何一次检测结果猪瘟免疫抗体合格率<80%扣 2 分；否则不得分。

其他病种示范场及创建场：检测报告结果为近 1 年内有资质的兽医实验室出具，每次抽检头数≥30，每次检测猪瘟免疫抗体合格率≥80%，得 1 分；否则不得分。

83. 口蹄疫净化示范场：符合净化评估标准；创建场及其他病种示范场：口蹄疫免疫抗体合格率≥70%，病原或感染抗体阳性率≤10%

（1）概述 种猪场疫病流行情况和种猪群健康水平是评估净化效果的重要参考。

（2）评估要点 查阅近 1 年检测报告，计算相应指标。

（3）给分原则 口蹄疫净化示范场：检测报告结果为近 1 年内有资质的兽医实验室出具，每次抽检头数≥30，每次检测结果均符合口蹄疫净化评估标准，得 5 分；否则不得分。

主要净化评估病种为口蹄疫的创建场：检测报告为近 1 年内有资质的兽医实

验室出具，每次抽检头数≥30，每次检测结果口蹄疫免疫抗体合格率≥70％，病原或感染抗体阳性率≤10％，得 5 分；检测报告为非有资质兽医实验室出具，扣 2 分，单次抽检头数不足 30 头扣 1 分，任何一次检测结果口蹄疫免疫抗体合格率＜70％，病原或感染抗体阳性率＞10％扣 2 分；否则不得分。

其他病种示范场及创建场：检测报告结果为近 1 年内有资质的兽医实验室出具，每次抽检头数≥30，口蹄疫免疫抗体合格率≥70％，病原或感染抗体阳性率≤10％，得 1 分；以上任一条件不满足，不得分。

84. 猪繁殖与呼吸综合征净化示范场：符合净化评估标准；创建场及其他病种示范场：近 2 年内猪繁殖与呼吸综合征无临床病例

（1）概述　种猪场疫病流行情况和种猪群健康水平是评估净化效果的重要参考。

（2）评估要点　查阅近 1 年检测报告，计算相应指标。

（3）给分原则　猪繁殖与呼吸综合征净化示范场：检测报告结果为近 1 年内有资质的兽医实验室出具，每次抽检头数≥30，每次检测结果均符合猪伪狂犬病净化评估标准，得 5 分；否则不得分。

主要净化评估病种为猪繁殖与呼吸综合征的创建场：近 2 年内猪繁殖与呼吸综合征无临床病例，得 5 分；否则不得分。

其他病种示范场及创建场：近 2 年内猪繁殖与呼吸综合征无临床病例，得 1 分；否则不得分。

85. 猪伪狂犬病净化示范场：符合净化评估标准；创建场及其他病种示范场：种猪群或后备猪群猪伪狂犬病免疫抗体阳性率≥80％，病原或感染抗体阳性率≤10％

（1）概述　种猪场疫病流行情况和种猪群健康水平是评估净化效果的重要参考。

（2）评估要点　查阅近 1 年检测报告，计算相应指标。

（3）给分原则　猪伪狂犬病净化示范场：检测报告结果为近 1 年内有资质的兽医实验室出具，每次抽检头数≥30，每次检测结果均符合猪伪狂犬病净化评估标准，得 5 分；否则不得分。

主要净化评估病种为猪伪狂犬病的创建场：检测报告为近 1 年内有资质的兽

医实验室出具，每次抽检头数≥30，每次检测结果猪伪狂犬病免疫抗体合格率≥80％，病原或感染抗体阳性率≤10％，得 5 分；检测报告为非有资质兽医实验室出具扣 2 分，单次抽检头数不足 30 头扣 1 分，任何一次检测结果猪伪狂犬病免疫抗体合格率<80％，病原或感染抗体阳性率>10％扣 2 分；否则不得分。

其他病种示范场及创建场：检测报告结果为近 1 年内有资质的兽医实验室出具；每次抽检头数≥30，猪伪狂犬病免疫抗体阳性率≥80％，病原或感染抗体阳性率≤10％，得 1 分；以上任一条件不满足，不得分。

三、现场评估结果

净化示范场总分不低于 90 分，且关键项（＊项）全部满分，为现场评估通过。净化创建场总分不低于 80 分，为现场评估通过。

其中，"＊"表示申报评估的病种该项分值为 5 分，其余病种为 1 分。

四、附录

附　录　A

（国家法律法规）

《中华人民共和国畜牧法》
《中华人民共和国动物防疫法》
《中华人民共和国农产品质量安全法》

附　录　B

（国家标准）

GB/T 17824.1—2008	规模猪场建设
GB/T 16567—1996	种畜禽调运检疫技术规范
GB/T 17824.2—2008	规模猪场生产技术规程
GB/T 17824.3—2008	规模猪场环境参数与环境管理
GB/T 32149—2015	规模猪场清洁生产技术规范
GB/T 27622—2011	畜禽粪便贮存设施设计要求
GB/T 7959—2012	粪便无害化卫生要求
GB/T 18877—2009	有机-无机复混肥料

GB/T 5749—2006　　　生活饮用水卫生标准

GB/T 18596—2001　　畜禽养殖业污染物排放标准

GB/T 16569—1996　　畜禽产品消毒规范

GB/T 13078—2001　　饲料卫生标准

附　录　C

（农业行业标准）

NY/T 1569—2007　　畜禽养殖场质量管理体系建设通则

NY/T 2798—2015　　无公害农产品　生产质量安全控制技术规范

NY/T 5339—2006　　无公害食品　畜禽饲养兽医防疫准则

NY/T 682—2003　　　畜禽场场区设计技术规范

NY/T 1169—2006　　畜禽场环境污染控制技术规范

NY/T 388—1999　　　畜禽场环境质量标准

NY/T 1334—2007　　畜禽粪便安全使用准则

NY/T 525—2012　　　有机肥料

NY/T 5027—2008　　无公害食品　畜禽饮用水水质

NY/T 1167—2006　　畜禽场环境质量及卫生控制规范

NY/T 1168—2006　　畜禽粪便无害化处理技术规范

NY/T 5030—2016　　无公害农产品　兽药使用准则

NY/T 5032—2006　　无公害食品　畜禽饲料和饲料添加剂使用准则

NY/T 1952—2010　　动物免疫接种技术规范

附　录　D

（农业农村部下发相关文件）

《畜禽标识和养殖档案管理办法》

《动物防疫条件审查办法》

《种畜禽管理条例》

《畜禽规模养殖污染防治条例》

《兽用处方药和非处方药管理办法》

《执业兽医管理办法》

《病死及病害动物无害化处理技术规范》

《饲料和饲料添加剂管理条例》

《兽药管理条例》

《中华人民共和国兽药典》

《饲料药物添加剂使用规范》

《种畜禽管理条例实施细则》

《生猪产地检疫规程》

《兽用生物制品质量标准》

《跨省调运乳用种用动物产地检疫规程》

第二章

种鸡场主要疫病
净化评估标准及
释义

第一节　净化评估标准

一、高致病性禽流感

（一）净化评估标准

同时满足以下要求，视为达到**免疫无疫标准：**

（1）种鸡群抽检，H5 亚型禽流感病毒免疫抗体合格率 90％以上。

（2）种鸡群抽检，H5 和 H7 亚型禽流感病原学检测均为阴性。

（3）连续 2 年以上无临床病例。

（4）现场综合审查通过。

（二）抽样检测

具体抽样检测要求见表 2-1。

表 2-1　免疫无疫评估实验室检测要求

检测项目	检测方法	抽样种群	抽样数量	样本类型
病原学检测	PCR（H5/H7）	种鸡群	按照证明无疫公式计算（CL＝95％，P＝1％）；随机抽样，覆盖不同栋舍鸡群	咽喉和泄殖腔拭子
抗体检测	HI	种鸡群	按照预估期望值公式计算（CL＝95％，P＝90％，e＝10％）；随机抽样，覆盖不同栋鸡群	血清

二、鸡新城疫

（一）净化评估标准

同时满足以下要求，视为达到**免疫无疫标准：**

（1）种鸡群抽检，鸡新城疫病毒免疫抗体合格率 90％以上。

（2）种鸡群抽检，鸡新城疫病原学检测均为阴性。

（3）连续 2 年以上无临床病例。

（4）现场综合审查通过。

（二）抽样检测

具体抽样检测要求见表 2-2。

表 2-2　免疫无疫评估实验室检测要求

检测项目	检测方法	抽样种群	抽样数量	样本类型
病原学检测	PCR 及序列分析	种鸡群	按照证明无疫公式计算（CL＝95％，P＝1％）；随机抽样，覆盖不同栋舍鸡群	咽喉和泄殖腔拭子
抗体检测	HI	种鸡群	按照预估期望值公式计算（CL＝95％，P＝90％，e＝10％）；随机抽样，覆盖不同栋鸡群	血清

三、禽白血病

（一）净化评估标准

同时满足以下要求，视为达到**净化标准**：

（1）种鸡群抽检，禽白血病病原学检测均为阴性。

（2）连续 2 年以上无临床病例。

（3）现场综合审查通过。

（二）抽样检测

具体抽样检测要求见表 2-3。

表 2-3　净化评估实验室检测要求

检测项目	检测方法	抽样种群	抽样数量	样本类型
病原学检测	p27 抗原 ELISA	产蛋鸡群	500 枚种蛋（随机抽样，覆盖不同栋鸡群）	种蛋
	病毒分离（DF-1 细胞）	种鸡群	单系 50 份（随机抽样，覆盖不同栋鸡群）	血样

注：p27 抗原检测全部为阴性，实验室检测通过；p27 抗原检测阳性率高于 1％，实验室检测不通过；检出 p27 抗原阳性且阳性率 1％以内，采用病毒分离进行复测，病毒分离全部为阴性，实验室检测通过，病毒分离出现阳性，实验室检测不通过。

四、鸡白痢

（一）净化评估标准

同时满足以下要求，视为达到**净化标准**：

（1）血清学抽检，祖代以上养殖场阳性率低于0.2％，父母代场阳性率低于0.5％。

（2）连续2年以上无临床病例。

（3）现场综合审查通过。

（二）抽样检测

具体抽样检测要求见表2-4。

表2-4 净化评估实验室检测要求

检测项目	检测方法	抽样种群	抽样数量	样本类型
抗体检测	平板凝集	种鸡群	按照证明无疫公式计算（CL＝95％，P＝0.5％）；随机抽样，覆盖不同栋鸡群	血样（全血）

第二节 现场综合审查评分表

现场综合审查评分表见表2-5。

表2-5 现场综合审查评分表

类别	编号	具体内容及评分标准	关键项	分值
必备条件	Ⅰ	土地使用符合相关法律法规与区域内土地使用规划，场址选择符合《中华人民共和国畜牧法》和《中华人民共和国动物防疫法》有关规定		必备条件
	Ⅱ	具有县级以上畜牧兽医主管部门备案登记证明，并按照农业农村部《畜禽标识和养殖档案管理办法》要求，建立养殖档案		
	Ⅲ	具有县级以上畜牧兽医主管部门颁发的动物防疫条件合格证，2年内无重大动物疫病和产品质量安全事件发生记录		
	Ⅳ	种畜禽养殖企业具有县级以上畜牧兽医主管部门颁发的种畜禽生产经营许可证		
	Ⅴ	有病死动物和粪污无害化处理设施设备，或有效措施		
	Ⅵ	祖代禽场种禽存栏2万套以上，父母代种禽场种禽存栏5万套以上（地方保种场除外）		
人员管理5分	1	有净化工作组织团队和明确的责任分工		1
	2	全面负责疫病防治工作的技术负责人具有畜牧兽医相关专业本科以上学历或中级以上职称		0.5
	3	全面负责疫病防治工作的技术负责人从事养禽业3年以上		1
	4	建立了合理的员工培训制度和培训计划		0.5

（续）

类别	编号	具体内容及评分标准	关键项	分值
人员管理5分	5	有完整的员工培训考核记录		0.5
	6	从业人员有健康证明		0.5
	7	有1名以上本场专职兽医技术人员获得执业兽医资格证书		1
结构布局9分	8	场区位置独立，与主要交通干道、生活区、屠宰厂（场）、交易市场有效隔离		2
	9	场区周围有效防疫隔离带		0.5
	10	养殖场防疫标识明显（有防疫警示标语、标牌）		0.5
	11	办公区、生产区、生活区、粪污处理区和无害化处理区完全分开且相距50m以上		2
	12	有独立的孵化厅，且符合生物安全要求		2
	13	净道与污道分开		2
栏舍设置5分	14	鸡舍为全封闭式		2
	15	鸡舍通风、换气和温控等设施设备运转良好		1
	16	有饮水消毒设施，及可控的自动加药系统		1
	17	有自动清粪系统		1
卫生环保7分	18	场区卫生状况良好，垃圾及时处理，无杂物堆放		1
	19	能实现雨污分流		1
	20	生产区具备有效的防鼠、防虫媒、防犬猫、防鸟进入的设施设备或措施		2
	21	厂区内禁养其他动物，并有有效防止其他动物进入措施		1
	22	粪便及时清理、转运，存放地点有防雨、防渗漏、防溢流措施		1
	23	水质检测符合人畜饮水卫生标准		0.5
	24	具有县级以上环保行政主管部门的环评验收报告或许可		0.5
无害化处理9分	25	粪污无害化处理符合生物安全要求		1
	26	病死动物剖检场所符合生物安全要求		1
	27	建立了病死鸡无害化处理制度		2
	28	病死鸡无害化处理设施设备或措施运转有效并符合生物安全要求		2
	29	有完整的病死鸡无害化处理记录并具有可追溯性		1
	30	无害化处理记录保存3年以上		2
消毒管理12分	31	有完善的消毒管理制度		1
	32	场区入口有有效的车辆消毒池和覆盖全车的消毒设施设备		1
	33	场区入口有有效的人员消毒设施设备		1
	34	有严格的车辆及人员出入场区消毒及管理制度		1
	35	车辆及人员出入场消毒管理制度执行良好并记录完整		1

（续）

类别	编号	具体内容及评分标准	关键项	分值
消毒管理 12 分	36	生产区入口有有效的人员消毒、淋浴设施设备		1
	37	有严格的人员进入生产区消毒及管理制度		1
	38	人员进入生产区消毒及管理制度执行良好并记录完整		1
	39	每栋鸡舍入口有消毒设施设备		1
	40	人员进入鸡舍前消毒执行良好		1
	41	栋舍、生产区内部有定期消毒措施且执行良好		1
	42	有消毒剂配制和管理制度		0.5
	43	消毒液定期更换，配制及更换记录完整		0.5
生产管理 8 分	44	采用按区或按栋全进全出饲养模式		2
	45	制定了投入品（含饲料、兽药、生物制品）管理使用制度，执行良好并记录完整		1
	46	饲料、药物、疫苗等不同类型的投入品分类储藏，标识清晰		1
	47	生产记录完整，有日产蛋、日死亡淘汰、日饲料消耗、饲料添加剂使用记录		1
	48	种蛋孵化管理运行良好，记录完整		1
	49	有健康巡查制度及记录		1
	50	根据当年生产报表，育雏成活率95％（含）以上		0.5
	51	根据当年生产报表，育成率95％（含）以上		0.5
防疫管理 9 分	52	卫生防疫制度健全，有传染病应急预案		1
	53	有独立兽医室		0.5
	54	兽医室具备正常开展临床诊疗和采样条件		0.5
	55	兽医诊疗与用药记录完整		1
	56	有完整的病死动物剖检记录		1
	57	所用活疫苗应有外源病毒的检测证明（自检或委托第三方）		2
	58	有动物发病记录、阶段性疫病流行记录或定期（间隔小于3个月）的鸡群健康状态分析总结		1
	59	制订了科学合理的免疫程序，执行良好并记录完整		2
种源管理 10 分	60	建立了科学合理的引种管理制度		1
	61	引种管理制度执行良好并记录完整		1
	62	引种来源于有种畜禽生产经营许可证的种禽场或符合相关规定国外进口的种禽或种蛋		1
	63	引种禽苗/种蛋证件（动物检疫合格证明、种禽合格证、系谱证）齐全		1
	64	有引进种禽/种蛋抽检检测报告结果：禽流感病原阴性	*	1

（续）

类别	编号	具体内容及评分标准	关键项	分值
种源管理 10分	65	有引进种禽/种蛋抽检检测报告结果：新城疫病原阴性	*	1
	66	有引进种禽/种蛋抽检检测报告结果：禽白血病病原阴性或感染抗体阴性	*	1
	67	有引进种禽/种蛋抽检检测报告结果：鸡白痢病原阴性或抗体阴性	*	1
	68	有近3年完整的种雏/种蛋销售记录		1
	69	本场销售种禽/种蛋有疫病抽检记录，并附具动物检疫合格证明		1
监测净化 18分	70	有禽流感年度（或更短周期）监测方案并切实可行		0.5
	71	有新城疫年度（或更短周期）监测方案并切实可行		0.5
	72	有禽白血病年度（或更短周期）监测方案并切实可行		0.5
	73	有鸡白痢年度（或更短周期）监测方案并切实可行		0.5
	74	育种核心群的检测记录能追溯到种鸡及后备鸡群的唯一性标识（如翅号、笼号、脚号等）	*	3
	75	根据监测方案开展监测，且监测报告保存3年以上	*	3
	76	开展过动物疫病净化工作，有禽流感/新城疫/禽白血病/鸡白痢净化方案	*	1
	77	净化方案符合本场实际情况，切实可行	*	2
	78	有3年以上的净化工作实施记录，保存3年以上	*	3
	79	有定期净化效果评估和分析报告（生产性能、每个世代的发病率等）		2
	80	实际检测数量与应检测数量基本一致，检测试剂购置数量或委托检测凭证与检测量相符		2
群健康 8分	81	禽流感净化示范场：符合申报病种净化评估标准；创建场及其他病种示范场：禽流感免疫抗体合格率≥90%	*	1/5#
	82	新城疫净化示范场：符合申报病种净化评估标准；创建场及其他病种示范场：新城疫免疫抗体合格率≥90%	*	1/5#
	83	禽白血病净化示范场：符合申报病种净化评估标准；创建场及其他病种示范场：禽白血病p27抗原阳性率≤10%	*	1/5#
	84	鸡白痢净化示范场：符合申报病种净化评估标准；创建场及其他病种示范场：鸡白痢抗体阳性率≤10%	*	1/5#
总　分				100

注：1."＊"表示此项为关键项，净化示范场总分不低于90分，且关键项全部满分，为现场评估通过。净化创建场总分不低于80分，为现场评估通过。

2."＃"表示申报评估的病种该项分值为5分，其余病种为1分。

第三节 现场综合审查要素释义

一、必备条件

该部分条款，作为规模化种鸡场主要动物疫病净化场入围的基本条件，其中任意一项不符合条件，不予入围。

Ⅰ 土地使用符合相关法律法规与区域内土地使用规划，场址选择符合《中华人民共和国畜牧法》（以下简称《畜牧法》）和《中华人民共和国动物防疫法》（以下简称《动物防疫法》）有关规定

（1）概述 此项为必备项。我国支持和鼓励养殖业的规模化、产业化、标准化发展，同时要求养殖用地符合当地土地利用规划，并符合相关法律法规要求。《畜牧法》第四十条规定，禁止在下列区域内建设畜禽养殖场、养殖小区：生活饮用水的水源保护区、风景名胜区，以及自然保护区的核心区和缓冲区；城镇居民区、文化教育科学研究区等人口集中区域；法律法规规定的其他禁养区域。

（2）评估要点 现场查看有关部门出具的土地使用协议、备案手续或建设规划证明。"法律法规规定的其他禁养区域"，符合当地国土部门制定的土地规划。

（3）入围原则 申请场具有有关部门出具的土地使用协议、备案手续或建设规划证明，场址位置符合地方政府关于禁养区、限养区管理的相关规定，认为此项符合；否则为不符合，不予入围。

Ⅱ 具有县级以上畜牧兽医主管部门备案登记证明，并按照农业农村部《畜禽标识和养殖档案管理办法》要求，建立养殖档案

（1）概述 此项为必备项。《畜牧法》第三十九条规定，我国畜禽养殖场实行备案。农业农村部颁布的《畜禽标识和养殖档案管理办法》规范了养殖档案管理。

（2）评估要点 查看县级以上畜牧兽医行政主管部门的备案登记材料，并初步了解养殖档案信息，确认至少涵盖以下内容：家畜品种、数量、繁殖记录、标识情况、来源、进出场日期；投入品采购、使用情况；检疫、免疫、消毒情况；家畜发病、死亡和无害化处理情况；家畜养殖代码；农业农村部规定的其他内容。

（3）入围原则 申请场应当同时具备以上基本条件要素，认为此项为符合；否则为不符合，不予入围。

Ⅲ 具有县级以上畜牧兽医主管部门颁发的动物防疫条件合格证，2年内无重大动物疫病和产品质量安全事件发生记录

（1）概述 此项为必备项。根据《动物防疫法》及《动物防疫条件审查办法》，动物饲养场应符合《动物防疫条件审查办法》所规定的动物防疫条件，并取得动物防疫条件合格证。养殖场2年内无重大动物疫病和产品质量安全事件发生。

（2）评估要点 查看养殖场的动物防疫条件合格证、无重大动物疫病以及产品质量安全相关记录。

（3）入围原则 取得动物防疫条件合格证并在有效期内（或年审合格）的，以及2年内无重大动物疫病和产品质量安全事件发生且记录完整的，认为此项为符合；不能提供动物防疫条件合格证或动物防疫条件合格证不在有效期内（或年审不合格）的，或不能提供2年内无重大动物疫病和产品质量安全事件发生记录的，为不符合，不予入围。

Ⅳ 种畜禽养殖企业具有县级以上畜牧兽医主管部门颁发的种畜禽生产经营许可证

（1）概述 此项为必备项。《种畜禽管理条例》第十五条规定，生产经营种畜禽的单位和个人，必须向县级以上人民政府畜牧兽医行政主管部门申领种畜禽生产经营许可证。生产经营畜禽冷冻精液、胚胎或其他遗传材料的，由农业农村部或省、自治区、直辖市人民政府畜牧兽医行政主管部门核发种畜禽生产经营许可证。

（2）评估要点 查看养殖场的种畜禽生产经营许可证。

（3）入围原则 取得种畜禽生产经营许可证并在有效期内的，认为此项为符合；不能提供种畜禽生产经营许可证或种畜禽生产经营许可证不在有效期内的，为不符合，不予入围。

Ⅴ 有病死动物和粪污无害化处理设施设备，或有效措施

（1）概述 此项为必备项。《畜牧法》第三十九条规定，畜禽养殖场、养殖小区应有对畜禽粪便、废水和其他固体废弃物进行综合利用的沼气池等设施或者其他无害化处理设施；《畜禽规模养殖污染防治条例》第十三条规定，畜禽养殖场、养殖小区应当根据养殖规模和污染防治需要，建设相应的畜禽粪便、污水与雨水分流设施，畜禽粪便、污水的储存设施，粪污厌氧消化和堆沤、有机肥加工、制取沼气、沼渣沼液分离和输送、污水处理、畜禽尸体处理等综合利用和无害化处理设施。已经委托他人对畜禽养殖废弃物代为综合利用和无害化处理的，可以不自行建设综合利用和无害化处理设施。

（2）评估要点　现场查看养殖场病死动物和粪污无害化处理设施设备，以及相关文件记录。

（3）入围原则　养殖场具有病死动物和粪污无害化处理设施设备，或有效的动物无害化处理措施，认为此项为符合；否则为不符合，不予入围。

Ⅵ　**祖代禽场种禽存栏 2 万套以上，父母代种禽场种禽存栏 5 万套以上**（地方保种场除外）

（1）概述　此项为必备项。种鸡场的存栏量是其规模化养殖的体现和证明。

（2）评估要点　查看养殖场养殖档案等相关文件或记录。

（3）入围原则　能提供养殖场最新的养殖档案等相关文件或记录，认为此项为符合；否则为不符合，不予入围。

二、评分项目

该部分条款为规模化种鸡场主要动物疫病净化场现场综合审查的评分项，共计 84 小项，满分 100 分，根据现场审查实际情况逐项评分。

（一）人员管理

1. 有净化工作组织团队和明确的责任分工

（1）概述　动物疫病净化为一项长期性、系统性的工作，应由养殖企业主要负责人牵头组建净化工作组织团队，并明确责任分工，确保净化各项措施有效落实。

（2）评估要点　查阅净化工作组织团队名单、责任分工等相关证明材料。

（3）给分原则　组建净化团队并分工明确，材料完整，得 1 分；仅组建净化团队，无明确分工，得 0.5 分；无明确的净化团队，不得分。

2. 全面负责疫病防治工作的技术负责人具有畜牧兽医相关专业本科以上学历或中级以上职称

（1）概述　养殖场应按照《畜禽养殖场质量管理体系建设通则》（NY/T

1569）要求，建立岗位管理制度，明确岗位职责，从业人员应取得相应资质。疫病防治工作技术负责人，专业知识、能力和水平关系到养殖场疫病净化的实施和效果，应对其专业素质做出明确规定。

（2）评估要点　查阅技术负责人档案及相关证书。

（3）给分原则　具有畜牧兽医相关专业本科以上学历或中级以上职称，得0.5分；否则不得分。

3. 全面负责疫病防治工作的技术负责人从事养鸡业3年以上

（1）概述　同上条。养殖场疫病防治工作技术负责人需具有较丰富的从业经验。

（2）评估要点　查阅技术负责人档案并询问其工作经历。

（3）给分原则　从事养鸡业3年以上，得1分；否则不得分。

4. 建立了合理的员工培训制度和培训计划

（1）概述　养殖场应按照NY/T 1569、《无公害农产品　生产质量安全控制技术规范》（NY/T 2798）要求，建立培训制度，制订培训计划并组织实施。直接从事种畜禽生产的工人需要经过专业技术培训，熟练掌握相应的生产基本知识和技能，养殖场应安排资金用于员工职业技术培训。

（2）评估要点　查阅员工培训制度及近1年员工培训计划。

（3）给分原则　有员工培训制度和培训计划，得0.5分；否则不得分。

5. 有完整的员工培训考核记录

（1）概述　养殖场制定的各项管理制度和生产规程、技术规范，需要通过一定的宣贯方式，传达到每一位员工，并使其知悉和掌握。

（2）评估要点　查阅近1年员工培训考核记录，重点查看各生产阶段员工培训考核记录。

（3）给分原则　有员工培训考核记录，得0.5分；否则不得分。

6. 从业人员有健康证明

（1）概述　养殖场应按照《无公害食品　畜禽饲养兽医防疫准则》（NY/T 5339）、NY/T 2798要求，建立职工健康档案；从业人员每年进行一次健康检查并获得健康证。同时，要求饲养人员应具备一定的自身防护常识。

（2）评估要点　现场查阅养殖场从业人员，特别是与生产密切相关岗位人员的健康证明。

（3）给分原则　与生产密切相关工作岗位从业人员具有健康证明，得 0.5分；否则不得分。

7. 有 1 名以上本场专职兽医技术人员获得执业兽医资格证书

（1）概述　按照《兽用处方药和非处方药管理办法》《执业兽医管理办法》、NY/T 1569、NY/T 2798 等要求，养殖场应聘任专职兽医，本场兽医应获得执业兽医资格证书。

（2）评估要点　现场查看养殖场专职兽医的执业兽医资格证书和专职证明性记录（如社保或工资发放证明）。

（3）给分原则　本场有 1 名以上的专职兽医技术人员取得执业兽医资格证书，得 1 分；否则不得分。

（二）结构布局

8. 场区位置独立，与主要交通干道、居民区、屠宰厂（场）、交易市场有效隔离

（1）概述　按照《动物防疫条件审查办法》《畜禽场场区设计技术规范》（NY/T 682）、NY/T 5339 等要求，畜禽场选址应符合环境条件要求，并与主要交通干道、生活区、屠宰厂（场）、交易市场等容易产生污染的单位保持有效距离。种鸡场按照《动物防疫条件审查办法》规定，场区位置距离生活饮用水源地、动物饲养场、养殖小区和城镇居民区、文化教育科研等人口集中区域及公路、铁路等主要交通干线 1 000m 以上；距离动物隔离场所、无害化处理场所、动物屠宰加工场所、动物和动物产品集贸市场、动物诊疗场所 3 000m 以上。

（2）评估要点　现场查看养殖场场区位置与周边环境。

（3）给分原则　部分养殖场要达到规定的隔离距离要求，实际操作难度较大，需现场仔细查看周边环境和隔离设施或措施（例如，树木等自然屏障隔离等），位置独立且能满足有效隔离要求的，得 2 分；位置独立但不能有效隔离的，得 1 分；否则不得分。

9. 场区周围有有效防疫隔离带

（1）概述　防疫隔离带是疫病防控的基础性组成部分，按照《动物防疫条件审查办法》等要求，种鸡场周围应有绿化隔离带。

（2）评估要点　现场查看防疫隔离带。防疫隔离带可以是围墙、防风林、灌木、防疫沟或其他的物理隔离形式，有利于切断人员、车辆的自由流动。

（3）给分原则　有防疫隔离带，得 0.5 分；否则不得分。

10. 养殖场防疫标识明显（有防疫警示标语、标牌）

（1）概述　依据有关法规，按照 NY/T 5339 要求，养殖场应设置明显的防疫警示标牌，禁止任何来自可能染疫地区的人员及车辆进入场内。

（2）评估要点　现场查看防疫警示标牌。

（3）给分原则　有明显的防疫警示标识，得 0.5 分；否则不得分。

11. 办公区、生产区、生活区、粪污处理区和无害化处理区完全分开且相距 50m 以上

（1）概述　场区设计和布局应符合《动物防疫条件审查办法》、NY/T 682 等规定，设计合理，布局科学。生产区与生活办公区分开，并有隔离设施。生产区与污水处理区、病死鸡无害化处理区等高风险区域有效隔离是保证鸡场生物安全的有效手段。

（2）评估要点　现场查看养殖场布局。生活区应在场区地势较高上风处，与生产区严格分开，距离 50m；辅助生产区设在生产区边缘下风处，饲料加工车间远离饲养区；粪污处理、无害化处理、病鸡隔离区（包括兽医室）分别设在生产区外围下风地势低处；用围墙或绿化带与生产区隔离，隔离区与生产区通过污道连接。另外，病鸡隔离区与生产区距离 300m，粪污处理区与功能地表水体距离 400m。

（3）给分原则　生产区与其他各区均距离 50m 以上者，得 2 分；其他任意两区未有效分开，得 1 分；生产区与生活区未区分者，不得分。

12. 有独立的孵化厅，且符合生物安全要求

（1）概述　孵化厅应保证其卫生、通风、温度、光照等条件满足孵化需求，

布局结构和人员的流动应符合生物安全要求。

（2）评估要点　现场查看养殖场孵化厅。

（3）给分原则　有独立的孵化厅，并且符合生物安全要求，得 2 分；有独立的孵化厅，但其布局结构和工作流程不符合生物安全要求，得 1 分；没有独立的孵化厅，不得分。

13. 净道与污道分开

（1）概述　生产区净道与污道分开是切断动物疫病传播途径的有效手段。按照《动物防疫条件审查办法》，要求净道与污道应分开；污道在下风向；运输饲料的道路与污道应分开。

（2）评估要点　现场查看净道、污道设置。

（3）给分原则　净道与污道完全分开，不交叉，得 2 分；有个别点状交叉但有制度规定使用时间及消毒措施，得 1.5 分；净道与污道存在部分交叉，得 1 分；净道与污道未区分，不得分。

（三）栏舍设置

14. 鸡舍为全封闭式

（1）概述　封闭式和半封闭式是衡量现代化养殖的一项参考指标。

（2）评估要点　现场查看栏舍设计。

（3）给分原则　鸡舍为全封闭或半封闭式，得 2 分；鸡舍为开放式，得 1 分。

15. 鸡舍通风、换气和温控等设施设备运转良好

（1）概述　通风换气、温度调节设备，是衡量现代化养殖的一项重要参考指标。按照《家禽健康养殖规范》（GB/T 32148）、《畜禽场环境污染控制技术规范》（NY/T 1169）要求，鸡舍建设应满足隔热、采光、通风、保温要求，配置降温、防寒、通风设施设备。夏季应减少热辐射、通风、降温，鸡舍温度、湿度、气流、光照应满足鸡不同饲养阶段的需求。《畜禽场环境质量标准》（NY/T 388）规定了舍区生态环境应达到的具体指标。

（2）评估要点　现场查看鸡舍通风、换气和温控等设施设备。

（3）给分原则 鸡舍有通风、换气和温控系统等设施设备且运转良好，得1分；鸡舍有通风、换气和温控系统等设施设备但未正常运转，得0.5分；鸡舍无通风、换气和温控系统等设施设备，不得分。

16. 有饮水消毒设施设备，及可控的自动加药系统

（1）概述 自动饮水系统和可控的自动加药系统是衡量现代化养殖的一项重要参考指标，饮水加药是预防疫病和维持治疗效果，相对快速、简便、准确且成本低廉的方式。

（2）评估要点 现场查看鸡舍饮水系统和可控的自动加药系统。

（3）给分原则 有自动饮水系统和可控的自动加药系统，得1分；缺任意一项，得0.5分；否则不得分。

17. 有自动清粪系统

（1）概述 自动清粪系统是衡量现代化养殖的一项重要参考指标，自动清粪可保持鸡舍内的卫生，减少病菌的传播。

（2）评估要点 现场查看鸡舍自动清粪系统。

（3）给分原则 有自动清粪系统得1分；否则不得分。

（四）卫生环保

18. 场区卫生状况良好，垃圾及时处理，无杂物堆放

（1）概述 良好的卫生环境，既体现养殖场现代化管理水平，也体现养殖场对生物安全管理的重视。按NY/T 2798要求，种鸡场应场区整洁，垃圾合理收集并及时清理，污物及时清扫干净，保持环境卫生。及时清除杂草和水坑等蚊蝇滋生地，消灭蚊蝇。

（2）评估要点 现场查看场区内垃圾集中堆放，位置是否合理，是否有杂物堆放。

（3）给分原则 场区卫生状况良好，无垃圾杂物堆放，得1分；否则不得分。

19. 能实现雨污分流

（1）概述 为保持种鸡场环境卫生，减少疫病传播风险，防止对外界环境的

污染，种鸡场应做到雨水、污水分流排放。GB/T 32148 要求种鸡场的雨水管道和污水管道严格分开。

（2）评估要点 现场查看雨污分流排放情况。

（3）给分原则 能实现雨污分流，得1分；否则不得分。

20. 生产区具备有效的防鼠、防虫媒、防犬猫、防鸟进入的设施设备或措施

（1）概述 鸟类、鼠、虫、犬猫常携带多种病原体，对种鸡场养殖具有较大威胁。按照《动物防疫条件审查办法》要求，种畜禽场应有必要的防鸟、防鼠、防虫设施设备或者措施。按照 GB/T 32148、NY/T 2798 要求，种鸡场应采取措施防止鸟类进入鸡舍，有效控制啮齿类动物和虫害，防止污染饲料，要定时定点投放灭鼠药，对废弃鼠药和毒死鸟鼠等，按国家有关规定处理。

（2）评估要点 现场查看鸡场内环境卫生，尤其是低洼地带、墙基、地面；查看鸡舍的防鸟设施设备；查看饲料存储间的防鼠设施设备；查看鸡舍外墙角的防鼠碎石/沟；查看防鼠的措施和制度；向养殖场工作人员了解防鼠灭鼠措施和设施设备。

（3）给分原则 鸡舍有有效的防鸟设施设备，得1分；有防鼠害的措施和制度，饲料存储间、鸡舍外墙角有必要的防鼠设施设备，日常开展防鼠灭鼠工作，能够有效防鼠，得1分；否则不得分。

21. 场区内禁养其他动物，并有有效防止其他动物进入的措施

（1）概述 按照 NY/T 2798 等规范要求，种鸡场不应饲养其他畜禽。按照 GB/T 32148、NY/T 2798、NY/T 5339 等规范要求，不得将畜禽及其产品带入场区。鉴于犬猫可携带多种人兽共患传染病病原，是多种寄生虫的宿主，对于动物疫病净化潜在影响较大，因此，动物疫病净化养殖场原则上不得喂养犬猫及其他动物。

（2）评估要点 查看防止外来动物进入场区的设施设备，查看场区是否饲养其他动物。

（3）给分原则 场区未饲养其他动物，现有设施设备措施能有效防止周围其他动物进入场区，得1分；否则不得分。

22. 粪便及时清理、转运；存放地点有防雨、防渗漏、防溢流措施

（1）概述 养殖场清粪工艺、频次，粪便堆放、处理应按照《畜禽粪便贮存设施设计要求》（GB/T 27622）、《畜禽粪便无害化处理技术规范》（NY/T 1168）、《畜禽粪便安全使用准则》（NY/T 1334）等要求执行。日产日清；收集过程采取防扬撒、防流失、防渗透等工艺；粪便定点堆积；储存场所有防雨、防渗透、防溢流措施；实行生物发酵等粪便无害化处理工艺以达到《粪便无害化卫生标准》（GB/T 7959）规定。利用无害化处理后的粪便生产有机肥，应符合《有机肥料》（NY/T 525）规定；生产复混肥，应符合《有机-无机复混肥料》（GB/T 18877）的规定。未经无害化处理的粪便，不得直接施用。养殖场发生重大动物疫情时，按照防疫有关要求处理粪便。

（2）评估要点 现场查看鸡粪储存设施设备和场所。

（3）给分原则 有固定的鸡粪储存、堆放设施设备和场所，并有防雨、防渗漏、防溢流措施，或及时转运，得 1 分；否则不得分。

23. 水质检测符合人畜饮水卫生标准

（1）概述 水与畜禽生命关系密切，是其机体的重要组成部分，因水质导致畜禽疫病或死亡，也一定程度上影响公共卫生安全。根据 GB/T 32148 要求，畜禽场饮用水水质应达到《生活饮用水卫生标准》（GB/T 5749）或《无公害食品畜禽饮用水水质》（NY/T 5027）要求。按照《畜禽场环境质量及卫生控制规范》（NY/T 1167）、NY/T 2798 要求，养殖场应定期检测饮用水水质，定期清洗和消毒供水、饮水设施设备。

（2）评估要点 查看有资质实验室出具的水质检测报告。

（3）给分原则 有相关部门水质检测报告且满足 GB/T 5749 或 NY/T 5027 要求，得 0.5 分；否则不得分。

24. 具有县级以上环保行政主管部门的环评验收报告或许可

（1）概述 《畜禽规模养殖污染防治条例》规定，新、改、扩建养殖场，应当满足动物防疫条件，并进行环境影响评价。项目按照其对环境的影响程度分别编制环境影响报告书、报告表、登记表。

（2）评估要点 查看县级以上环保行政主管部门的环评验收报告或许可。

（3）给分原则 具有县级以上环保行政主管部门的环评验收报告或许可，得0.5分；否则不得分。

（五）无害化处理

25. 粪污无害化处理符合生物安全要求

（1）概述 粪污应遵循减量化、无害化和资源化的原则，场区内应有与生产规模及其他设施设备相匹配的粪污处理设施设备，粪污经无害化处理后应符合《畜禽养殖业污染物排放标准》（GB/T 18596）规定的排放要求。种鸡场采用的粪污无害化处理方式和处理结果应符合 NY/T 1168 的要求。

（2）评估要点 粪污处理设施设备和处理能力是否与生产规模相匹配，是否采用科学方式对粪污进行无害化处理。

（3）给分原则 粪污处理设施设备和处理能力与生产规模相匹配，处理结果证明符合 NY/T 1168 相关要求，得1分；否则不得分。

26. 病死动物剖检场所符合生物安全要求

（1）概述 病死动物通常带有大量病原，如在没有生物安全防护的场所对其剖检，极易造成病原的扩散而污染环境和养殖场内易感动物。按照《无公害农产品 兽药使用准则》（NY/T 5030）要求，发生动物死亡，应请专业兽医解剖，分析原因。解剖场所应远离生产区，剖检过程应做好生物安全防护，不得形成二次污染。

（2）评估要点 现场查看病死动物剖检场所的位置及生物安全状况；不在场内剖检的，查看病死鸡无害化处理相关记录。

（3）给分原则 病死动物剖检场所远离生产区并符合生物安全要求，得1分；不在场内剖检的，病死鸡无害化处理符合生物安全要求并且相关记录完整，得1分；否则不得分。

27. 建立了病死鸡无害化处理制度

（1）概述 按照《动物防疫条件审查办法》、NY/T 1569 要求，畜禽养殖场应建立对病、死畜禽的治疗、隔离、处理制度。

（2）评估要点 查阅病死鸡无害化处理制度。

（3）给分原则　建立了病死鸡无害化处理制度，得 2 分；否则不得分。

28. 病死鸡无害化处理设施设备或措施运转有效并符合生物安全要求

（1）概述　按照《畜禽规模养殖污染防治条例》《动物防疫条件审查办法》等法规要求，养殖场应具备病死鸡无害化处理设施设备。病死鸡及相关动物产品、污染物应按照《病死及病害动物无害化处理技术规范》进行无害化处理，相关消毒工作按《畜禽产品消毒规范》（GB/T 16569）进行消毒。

（2）评估要点　现场查看病死鸡无害化处理设施设备及其运转情况。

（3）给分原则　配备焚烧炉、化尸池或其他病死鸡无害化处理设施设备且运转正常，或具有其他有效的动物无害化处理措施，得 2 分；配备焚烧炉、化尸池或其他病死鸡无害化处理设施设备但未正常运转，得 1 分；否则不得分。或是，由地方政府统一收集进行无害化处理且当日不能拉走的，场内有病死动物低温暂存间并能够提供完整记录，得 2 分；记录不完整，得 1 分；否则不得分。

29. 有完整的病死鸡无害化处理记录并具有可追溯性

（1）概述　病死鸡无害化处理既是鸡场疫病净化的主要内容，也是平时开展疫病诊断、预防的重要环节，处理记录应具有可追溯性。养殖场无害化处理记录内容应按 NY/T 1569 规定填写。

（2）评估要点　查阅相关档案，抽取病死鸡记录，追溯其隔离、淘汰、诊疗、无害化处理等相关记录。

（3）给分原则　病死鸡处理档案完整、可追溯，得 1 分；病死鸡处理档案不完整，得 0.5 分；无病死鸡处理档案不得分。

30. 无害化处理记录保存 3 年以上

（1）概述　按照《病死及病害动物无害化处理技术规范》，无害化处理记录应由相关负责人员签字并妥善保存 2 年以上。为了全面掌握养殖场疫病净化工作开展情况，净化场相关记录应保存 3 年以上。

（2）评估要点　查阅近 3 年病死鸡处理档案（建场不足 3 年，查阅自建场之日起档案）。

（3）给分原则　档案保存期 3 年及以上（或自建场之日起），得 2 分；档案保存不足 3 年，得 0.5 分；无档案不得分。

（六）消毒管理

31. 有完善的消毒管理制度

（1）概述　养殖场应建立健全消毒制度，消毒制度应按照《养鸡场带鸡消毒技术要求》（GB/T 25886）、GB/T 32148、NY/T 1569、NY/T 2798 等要求，结合本场实际制定。

（2）评估要点　现场检查消毒管理制度。

（3）给分原则　有完善的消毒管理制度，得 1 分；有制度但不完整，得 0.5 分；无制度不得分。

32. 场区入口有有效的车辆消毒池和覆盖全车的消毒设施设备

（1）概述　入场车辆是动物疫病传入的关键风险点之一。按照《动物防疫条件审查办法》、NY/T 5339 要求，场区出入口处设置与门同宽的车辆消毒池。也可按照 NY/T 2798 规定，在场区入口设置能满足进出车辆消毒要求的设施设备。

（2）评估要点　现场查看消毒设施设备。

（3）给分原则　场区入口有车辆消毒池和覆盖全车的消毒设施设备，且能满足车辆消毒要求，得 1 分；仅有消毒池或设施设备但无法完全满足车辆消毒要求，得 0.5 分；否则不得分。

33. 场区入口有有效的人员消毒设施设备

（1）概述　按照《动物防疫条件审查办法》、NY/T 5339 要求，场区出入口处设置消毒室。经管理人员许可，外来人员应在消毒后穿专用工作服进入场区。

（2）评估要点　现场查看消毒设施设备。

（3）给分原则　场区入口有有效的人员消毒设施设备，得 1 分；有人员消毒设施设备但不能完全满足人员消毒要求，得 0.5 分；否则不得分。

34. 有严格的车辆及人员出入场区消毒及管理制度

（1）概述　养殖场应按照 NY/T 1569 要求，建立出入场区消毒管理制度和岗位操作规程，明确对出入车辆和人员的控制、消毒措施和效果。

（2）评估要点　查阅车辆及人员出入管理制度。

（3）给分原则　建立了严格的车辆及人员出入场区消毒及管理制度，得1分；否则不得分。

35. 车辆及人员出入场区消毒管理制度执行良好并记录完整

（1）概述　对车辆及人员出入和消毒情况进行记录，记录内容参照NY/T 2798设置。

（2）评估要点　查阅车辆及人员出入记录、现场观察。

（3）给分原则　严格执行车辆及人员出入场区消毒管理制度并记录完整，得1分；执行不到位或记录不完整，得0.5分；否则不得分。

36. 生产区入口有有效的人员消毒、淋浴设施设备

（1）概述　按照《动物防疫条件审查办法》、NY/T 2798、NY/T 5339等要求，生产区入口处应设置更衣消毒室。消毒通道应有地面消毒和紫外线消毒设施。

（2）评估要点　现场查看消毒、淋浴设施设备。

（3）给分原则　生产区入口有人员消毒、淋浴设施设备，运行有效，得1分；生产区入口有人员消毒、淋浴设施设备但不能完全满足消毒要求，得0.5分；否则不得分。

37. 有严格的人员进入生产区消毒及管理制度

（1）概述　按照《动物防疫条件审查办法》、GB/T 32148、NY/T 2798、NY/T 5339等要求制定人员进入生产区管理制度。明确本场职工、外来人员进入生产区的管理及消毒规程。按照NY/T 2798要求，应建立出入登记制度，非生产人员未经许可不得进入生产区；人员进入生产区，应穿工作服经过消毒间，洗手消毒后方可入场并遵守场内防疫制度。

（2）评估要点　查阅人员出入生产区消毒及管理制度。

（3）给分原则　建立了人员出入生产区消毒及管理制度，得1分；否则不得分。

38. 人员进入生产区消毒及管理制度执行良好并记录完整

（1）概述　对人员出入和消毒情况进行记录，记录内容参照NY/T 2798

设置。

（2）评估要点　查阅人员出入生产区记录。

（3）给分原则　人员出入生产区消毒及管理制度执行良好并记录完整，得1分；执行不到位或者记录不完整，得0.5分；否则不得分。

39. 每栋鸡舍入口有消毒设施设备

（1）概述　按照《动物防疫条件审查办法》，各养殖栋舍出入口设置消毒池或者消毒垫。消毒设施设备主要用于出入人员和器具的消毒。

（2）评估要点　现场查看消毒设施设备。

（3）给分原则　各养殖栋舍出入口设置有消毒设施，得1分；部分养殖栋舍出入口有消毒设施，得0.5分；否则不得分。

40. 人员进入鸡舍前消毒执行良好

（1）概述　进入鸡舍人员的消毒需执行到位。

（2）评估要点　现场查看。

（3）给分原则　人员进入鸡舍消毒执行良好，得1分；否则不得分。

41. 栋舍、生产区内部有定期消毒措施且执行良好

（1）概述　生产区内消毒是消灭病原、切断传播途径的有效手段，鸡舍、周围环境、鸡体、用具等消毒措施应符合GB/T 25886、NY/T 5339、NY/T 2798相关规定。

（2）评估要点　现场查看，并查阅相关消毒制度和岗位操作规程；查看相关记录。

（3）给分原则　有定期消毒制度和措施，执行良好且记录完整，得1分；执行不到位或记录不完整，得0.5分；否则不得分。

42. 有消毒剂配制和管理制度

（1）概述　科学合理地选择消毒剂种类和消毒方法可以更有效地杀灭病原微生物，养殖场消毒管理制度中应建立科学的消毒方法、合理选择消毒剂、明确消毒液配制和定期更换等措施。

（2）评估要点　查阅消毒剂配制和管理制度。

（3）给分原则 相关制度完整，得 0.5 分；否则不得分。

43. 消毒液定期更换，配制及更换记录完整

（1）概述 养殖场要严格执行本场制定的消毒剂配液和管理制度，必须定期更换消毒液，日常的消毒液配制及更换记录应详细完整。

（2）评估要点 查阅消毒液配制和更换记录。

（3）给分原则 定期更换消毒液，有完整配制和更换记录，得 0.5 分；否则不得分。

（七）生产管理

44. 采用按区或按栋全进全出饲养模式

（1）概述 全进全出是按区或按栋同时进鸡，同时出栏的养殖方式，是鸡场饲养管理、控制疫病的核心。GB/T 32148 要求鸡场采用全进全出的生产工艺。空栏期彻底清洁、冲洗和消毒，可以显著降低疫病发生风险。

（2）评估要点 现场查看养殖场养殖档案、销售记录等相关文件。

（3）给分原则 按区全进全出并能提供相应的养殖档案、销售记录等证明性文件，得 2 分；按栋全进全出并能提供相应的养殖档案、销售记录等证明性文件，得 1 分；否则不得分。

45. 制定了投入品（含饲料、兽药、生物制品）管理使用制度，执行良好并记录完整

（1）概述 养殖场应按照《畜牧法》《中华人民共和国农产品质量安全法》《畜禽标识和养殖档案管理办法》《饲料和饲料添加剂管理条例》《兽药管理条例》等法律法规，建立投入品管理和使用制度，并严格执行。NY/T 2798 等规定，购进饲料及饲料添加剂，应符合《饲料卫生标准》（GB/T 13078）的规定及其产品质量标准，不得添加农业农村部公布的禁用物质；购进兽药应符合《中华人民共和国兽药典》等规定，不得添加农业农村部公告中禁止使用的药品和其他化合物。饲料和饲料添加剂的使用，应符合《无公害食品 畜禽饲料和饲料添加剂使用准则》（NY/T 5032）的规定；兽药的使用，应符合 NY/T 5030、《饲料药物添加剂使用规范》的规定。

（2）评估要点　查阅养殖场管理制度，是否涵盖饲料、兽药、生物制品管理使用制度；现场观察各项制度执行情况。

（3）给分原则　建立了投入品（含饲料、兽药、生物制品）使用制度并执行良好、记录完整，得1分；执行不到位或记录不完整，得0.5分；否则不得分。

46. 饲料、药物、疫苗等不同类型的投入品分类分开储藏，标识清晰

（1）概述　养殖场饲料、兽药、生物制品等不同类型的投入品应分类储存，防止污染和交叉污染。投入品储存按照 NY/T 2798 规定执行。饲料库和配料库中不同类型的饲料应分类存放，先进先出；添加兽药的饲料与其他饲料分开储藏；不同类别的兽药和生物制品按说明书规定分类储存；投入品储存状态标示清楚，有安全保护措施。

（2）评估要点　现场查看饲料、药物、疫苗等不同类型的投入品储藏状态和标识。

（3）给分原则　各类投入品按规定要求分类储藏，标识清晰，得1分；否则不得分。

47. 生产记录完整，有日产蛋、日死亡淘汰、日饲料消耗、饲料添加剂使用记录

（1）概述　生产档案既是《畜禽标识和养殖档案管理办法》《种畜禽管理条例实施细则》要求的内容，也是规范化养殖场应具备的基础条件。养殖场应按照 NY/T 1569、NY/T 5339 规定，根据监控方案要求，做好生产过程各项记录，以提供符合要求和质量管理体系有效运行的证据。

（2）评估要点　查阅养殖场生产记录，包括日产蛋、日死亡淘汰、日饲料消耗、饲料添加剂使用记录等。

（3）给分原则　生产记录档案齐全，得1分；任缺一项，扣0.5分，扣完为止。

48. 种蛋孵化管理运行良好，记录完整

（1）概述　种蛋孵化是一系列技术的集成应用，从孵化工艺、孵化条件、胚胎营养、雏鸡管理和孵化室管理等方面都应有良好的管理规范，并记录完整。

（2）评估要点　查阅养殖场孵化记录。

（3）给分原则　养殖场种蛋孵化管理运行良好且记录完整，得1分；否则不得分。

49. 有健康巡查制度及记录

（1）概述　建立健康巡查制度能及时发现可疑现象并采取防控措施，将发病范围控制到最小，损失降到最低。种鸡场应定期按照《畜禽产地检疫规范》（GB/T 16549）要求，对鸡群进行临床健康检查。按照 GB/T 32148、NY/T 2798 要求，应定期巡查鸡群和设备情况，发现异常及时处理。

（2）评估要点　查阅养殖场健康巡查制度及记录。

（3）给分原则　建立了健康巡查制度并执行良好、记录完整，得1分；执行不到位或者记录不完整，得0.5分；否则不得分。

50. 根据当年生产报表，育雏成活率95%（含）以上

（1）概述　育雏成活率能够反映出养殖场饲养管理水平和疫病防控水平。

（2）评估要点　根据当年生产报表计算育雏成活率。

（3）给分原则　育雏成活率95%（含）以上，得0.5分；否则不得分。

51. 根据当年生产报表，育成期成活率95%（含）以上

（1）概述　育成期成活率能够反映出养殖场饲养管理水平和疫病防控水平。

（2）评估要点　根据当年生产报表计算育成期成活率。

（3）给分原则　育成期成活率95%（含）以上，得0.5分；否则不得分。

（八）防疫管理

52. 卫生防疫制度健全，有传染病应急预案

（1）概述　《动物防疫法》规定，动物饲养场应有完善的动物防疫制度。《动物防疫条件审查办法》、NY/T 1569 规定，养殖场应建立卫生防疫制度。养殖场应根据动物防疫制度要求建立完善相关岗位操作规程，按照操作规程的要求建立档案记录。同时，养殖场应按照 NY/T 5339、NY/T 2798 有关要求，建立突发传染病应急预案，本场或本地发生疫情时做好应急处置。

（2）评估要点　现场查阅卫生防疫管理制度。查看制度、岗位操作规程、相

关记录是否能够互相印证，并证明质量管理体系的有效运行。现场查阅传染病应急预案。

（3）给分原则　卫生防疫制度健全，岗位操作规程完善，相关档案记录能证明各项防疫工作有效实施；有传染病应急预案，得1分；有相关制度、应急预案但不完善，得0.5分；既无制度或制度不受控，又无传染病应急预案，不得分。

53. 有独立兽医室

（1）概述　养殖场应按照《动物防疫条件审查办法》、GB/T 32148、NY/T 682要求，设置独立的兽医工作场所，开展常规动物疫病检查诊断和检测。

（2）评估要点　现场查看是否设置独立的兽医室，并符合本释义第11条的规定。

（3）给分原则　有独立兽医室，得0.5分；否则不得分。

54. 兽医室具备正常开展临床诊疗和采样条件

（1）概述　按照《动物防疫条件审查办法》、GB/T 32148要求，兽医室需配备疫苗储存、消毒和诊疗设备，具备开展常规动物疫病诊疗和采样的条件。鼓励有条件的养殖场建设完善的兽医实验室，为本场开展疫病净化监测提供便利条件。

（2）评估要点　现场查看实验室是否具备正常开展临床诊疗和采样工作的设施设备。

（3）给分原则　兽医室具有相应设施设备，能正常开展血清、病原样品采样工作，具备开展基本临床检查和诊疗工作的条件，得0.5分；否则不得分。

55. 兽医诊疗与用药记录完整

（1）概述　养殖场应按照NY/T 1569、NY/T 5030、NY/T 5339规定，完善诊疗和兽药使用记录。记录内容应不少于NY/T 2798所列各项。

（2）评估要点　查阅至少近3年以来的兽医诊疗与用药记录；养殖建场不足3年的，要查阅建场以来所有的兽医诊疗与用药记录。

（3）给分原则　有完整的3年及以上兽医诊疗与用药记录，得1分；有兽医诊疗与用药记录但未完整记录或保存不足3年，得0.5分；否则不得分。

56. 有完整的病死动物剖检记录

（1）概述　对病死动物进行剖检须记录当时状况和剖检结果等信息，便于分析和追溯养殖场疫病流行情况。参照本释义第29条。

（2）评估要点　查阅病死动物剖检记录。委托相关单位进行剖检的，应查阅接送样本记录和诊断记录或诊断报告等资料。

（3）给分原则　有病死动物剖检记录，且记录完整，得1分；否则不得分。

57. 所用活疫苗应有外源病毒的检测证明（自检或委托第三方）

（1）概述　使用污染了外源性病毒的活疫苗是造成鸡群感染的潜在因素，需使用正规厂家生产、符合生物安全要求的禽用疫苗。

（2）评估要点　查阅养殖场所用活疫苗的外源性病毒检测证明（自检或委托第三方）。

（3）给分原则　能出具所有使用活疫苗的外源病毒检测证明，得2分；能出具主要使用活疫苗的外源病毒检测证明，得1分；否则不得分。

58. 有动物发病记录、阶段性疫病流行记录或定期（间隔不小于3个月）鸡群健康状态分析总结

（1）概述　全面记录分析、总结养殖场内动物发病、阶段性疫病流行或定期鸡群健康状态，可掌握养殖场内疫病流行形势，有利于疫病的综合防控。按照NY/T 1569要求，养殖场应该建立对生产过程的监控方案，同时建立内部审核制度。养殖场应定期分析、总结生产过程中各项制度、规程及鸡群健康状况。按照NY/T 5339要求，动物群体相关记录具体内容包括：畜种及来源、生产性能、饲料来源及消耗、兽药使用及免疫、日常消毒、发病情况、实验室检测及结果、死亡率及死亡原因、无害化处理情况等。按照NY/T 1569、NY/T 2798规定的填写内容要求，鸡群发病记录与养殖场诊疗记录可合并；阶段性疫病流行或定期鸡群健康状态分析可结合周期性内审或年度工作报告一并进行。

（2）评估要点　查阅养殖场动物发病记录、阶段性疫病流行记录或鸡群健康状态分析总结。

（3）给分原则　有相应的记录和分析总结，得1分；否则不得分。

59. 制订了科学合理的免疫程序，执行良好并记录完整

（1）概述　养殖场应按照《动物防疫法》及其配套法规要求，结合本地实际，建立本场免疫制度，制订免疫计划，按照 NY/T 5339 要求，确定免疫程序和免疫方法，采购的疫苗应符合《兽用生物制品质量标准》，免疫操作按照《动物免疫接种技术规范》（NY/T 1952）执行。

（2）评估要点　查阅养殖场免疫制度、计划、免疫程序；查阅近 3 年免疫记录。

（3）给分原则　免疫程序科学合理，免疫档案记录完整，得 2 分；免疫程序不合理或档案不完整，得 1 分；否则不得分。

（九）种源管理

60. 建立了科学合理的引种管理制度

（1）概述　养殖场应建立引种管理制度，规范引种行为。引种申报及隔离符合 NY/T 5339、NY/T 2798 规定。引进的活体动物、种蛋实施分类管理，从购买、隔离、检测、混群等方面应做出详细规定。

（2）评估要点　现场查阅养殖场的引种管理制度。

（3）给分原则　建立了科学合理的引种管理制度，得 1 分；否则不得分。

61. 引种管理制度执行良好并记录完整

（1）概述　为从源头控制疫病的传入风险，应严格执行引种管理制度，并完整记录引种相关各项工作，保证记录的可追溯性。

（2）评估要点　现场查阅养殖场的引种记录。

（3）给分原则　严格执行引种管理制度且记录规范完整，得 1 分；否则不得分。

62. 引种来源于有种畜禽生产经营许可证的种禽场或符合相关规定国外进口的种禽或种蛋

（1）概述　按照 NY/T 5339、NY/T 2798 关于养殖场引种的要求，养殖场应提供相关资料及证明：输出地为非疫区；输出地县级动物卫生监督机构按照

《种畜禽调运检疫技术规范》（GB/T 16567）检疫合格；跨省调运须经输入地省级动物卫生监督机构审批；运输工具需彻底清洗消毒，持有动物及动物产品运载工具消毒证明；输出方应提供相关经营资质材料；国外引进种鸡或种蛋的，应持国务院畜牧兽医行政主管部门签发的审批意见及进出口相关管理部门出具的检测报告。

（2）评估要点　查阅种鸡供应单位相关资质材料复印件；查阅外购种鸡、种蛋供体的种畜禽合格证、系谱证；查阅调运相关申报程序文件资料；查阅输出地动物卫生监督机构出具的动物检疫合格证明、运输工具消毒证明或进出口相关管理部门出具的检测报告；查阅输入地动物卫生监督机构解除隔离时的检疫合格证明或资料。

（3）给分原则　满足上述所有条件得 1 分；否则不得分。

63. 引种禽苗/种蛋证明（动物检疫合格证明、种禽合格证、系谱证）齐全

（1）概述　引种问题是养殖场疫病控制的源头问题，本条款主要关注引种程序。

（2）评估要点　国内引种的，查阅种鸡引进过程中的"三证"（种畜禽合格证、动物检疫合格证明、种鸡系谱证）及检测报告；国外引进种鸡的，查阅国务院畜牧兽医行政主管部门签发的审批意见及进出口相关管理部门出具的检测报告。

（3）给分原则　满足上述所有条件，得 1 分；否则不得分。

64. ＊有引进种禽/种蛋抽检检测报告结果：禽流感病原阴性

（1）概述　引种问题是养殖场疫病控制的源头问题，本条款主要关注引种质量。

（2）评估要点　查阅引入种禽/种蛋入场前的实验室检测报告。

（3）给分原则　有禽流感病原检测报告并且结果全为阴性，得 1 分；否则不得分。

65. ＊有引进种禽/种蛋抽检检测报告结果：新城疫病原阴性

（1）概述　引种问题是养殖场疫病控制的源头问题，本条款主要关注引种

质量。

（2）评估要点　查阅引入种禽/种蛋入场前的实验室检测报告。

（3）给分原则　有新城疫病原检测报告并且结果全为阴性，得 1 分；否则不得分。

66. * 有引进种禽/种蛋抽检检测报告结果：禽白血病病原阴性或感染抗体阴性

（1）概述　引种问题，是养殖场疫病控制的源头问题，本条款主要关注引种质量。

（2）评估要点　查阅引入种禽/种蛋入场前的实验室检测报告。

（3）给分原则　有禽白血病病原或感染抗体检测报告并且结果全为阴性，得 1 分；否则不得分。

67. * 引进种禽/种蛋抽检检测报告结果：鸡白痢病原阴性或抗体阴性

（1）概述　引种问题是养殖场疫病控制的源头问题，本条款主要关注引种质量。

（2）评估要点　查阅引入种禽/种蛋入场前的实验室检测报告。

（3）给分原则　有鸡白痢病原或抗体检测报告并且结果全为阴性，得 1 分；否则不得分。

68. 有近 3 年完整的种雏/种蛋销售记录

（1）概述　建立完整的种雏/种蛋销售记录，可及时跟踪种雏/种蛋的去向，在发生疫情时可根据销售记录进行追溯。

（2）评估要点　查阅近 3 年种雏/种蛋销售记录。

（3）给分原则　有近 3 年种雏/种蛋（用于孵化的和生产的）销售记录并且清晰完整，得 1 分；销售记录不满 3 年或记录不完整，得 0.5 分；无销售记录不得分。

69. 本场销售种禽/种蛋有疫病抽检记录，并附具动物检疫合格证明

（1）概述　对销售的种禽/种蛋进行疫病抽检能保证产品安全和质量，提高种禽/种蛋销售者的责任意识。销售种禽/种蛋时，严格按程序申报检疫，取得动物检疫合格证明后才可出场销售。

（2）评估要点　查阅本场销售种禽/种蛋的疫病抽检记录。销售种禽/种蛋所要附具的动物检疫合格证明。

（3）给分原则　有销售种禽/种蛋的疫病抽检记录和动物检疫合格证明，得1分；否则不得分。

（十）监测净化

70. 有禽流感年度（或更短周期）监测方案并切实可行

71. 有新城疫年度（或更短周期）监测方案并切实可行

72. 有禽白血病年度（或更短周期）监测方案并切实可行

73. 有鸡白痢年度（或更短周期）监测方案并切实可行

（1）概述　禽流感、新城疫、禽白血病、鸡白痢是种鸡场重点监测净化的动物疫病。有计划、科学合理地开展主要动物疫病的监测工作，是疫病防控、净化的基础，是保持动物群体健康状态的关键。按照 NY/T 5339 要求，养殖场应制订并实施疫病监测方案，常规监测的疫病应包括禽流感、新城疫、禽白血病、鸡白痢。养殖场应接受并配合当地动物防疫机构进行定期不定期的疫病监测工作。

（2）评估要点　查阅近1年养殖场禽流感、新城疫、禽白血病、鸡白痢监测方案，包括不同群体的免疫抗体水平和病原感染状况；评估监测方案是否符合本地、本场实际情况。

（3）给分原则　70 条：有禽流感年度监测方案并切实可行，得 0.5 分；否则不得分。

71 条：有新城疫年度监测方案并切实可行，得 0.5 分；否则不得分。

72 条：有禽白血病年度监测方案并切实可行，得 0.5 分；否则不得分。

73 条：有鸡白痢年度监测方案并切实可行，得 0.5 分；否则不得分。

74. * 育种核心群的检测记录能追溯到种鸡及后备鸡群的唯一性标识（如翅号、笼号、脚号等）

（1）概述　养殖场根据检测结果对阳性动物进行隔离或扑杀，检测样品是否能溯源决定阳性动物的处理是否准确，种鸡及后备鸡群应具有唯一性标识。

（2）评估要点　抽查检测记录，现场查看是否能追溯到每一只种鸡及后备鸡群。

（3）给分原则　检测记录具有可追溯性且所有样品均可溯源，得 3 分；部分检测样品不能溯源，得 1 分；检测记录不能够溯源种鸡的唯一性标识，不得分。

75.＊根据监测方案开展监测，且监测报告保存 3 年以上

（1）概述　养殖场应按照 NY/T 5339 等要求，按照监测方案开展监测，并将结果及时报告当地畜牧兽医行政主管部门。

（2）评估要点　查阅近 3 年监测方案及近 3 年监测报告（建场不足 3 年，查阅自建场之日起资料）。

（3）给分原则　按照监测方案所要求的检测频率、检测数量、动物养殖阶段、检测病种、检测项目开展监测，监测报告保存 3 年以上的，得 3 分；监测报告保存期不足 3 年的，少 1 年扣 1 分；监测报告与监测方案差距较大的，不得分。

76.＊开展过主要动物疫病净化工作，有禽流感/新城疫/禽白血病/鸡白痢净化方案

（1）概述　按照 NY/T 2798 要求，养殖场应配合当地畜牧兽医部门，对禽流感、新城疫、禽白血病、鸡白痢进行定期监测和净化，有监测记录和处理记录。净化场应根据监测结果，制订科学合理的净化方案，逐步净化疫病。

（2）评估要点　查阅禽流感/新城疫/禽白血病/鸡白痢净化方案。

（3）给分原则　有以上任一病种的净化方案，得 1 分；否则不得分。

77.＊净化方案符合本场实际情况，切实可行

（1）概述　净化方案应根据本场实际情况制订，科学合理，具有可操作性。

（2）评估要点　评估禽流感/新城疫/禽白血病/鸡白痢净化方案是否符合本场实际情况，是否具有可行性。

（3）给分原则　净化方案符合本场实际情况并切实可行，得 2 分；净化方案与本场情况较切合，需要进一步完善，得 1 分；净化方案在本场不具备操作性，不得分。

78. * 有3年以上的净化工作实施记录，记录保存3年以上

（1）概述 对净化工作实施情况进行全面的记录和保存，是提高养殖场疫病防控、净化综合管理能力的有效手段。

（2）评估要点 查阅禽流感/新城疫/禽白血病/鸡白痢净化实施记录。包括采样、检测、阳性禽处理记录、批次或定期的净化工作分析报告或总结等。

（3）给分原则 有以上任一病种的净化实施记录并保存3年以上，得3分；缺少1年扣1分，扣完为止。

79. 有定期净化效果评估和分析报告（生产性能、每个世代的发病率等）

（1）概述 净化效果的评估和分析报告，包括对净化前后生产性能、每个世代发病率等情况的比较，是净化工作成效的具体体现，也是进一步实施净化的目标和动力。种禽场应对净化效果定期进行评估和分析。

（2）评估要点 查阅近3年净化效果具体分析报告或评估报告。

（3）给分原则 有近3年净化效果评估分析报告，能够反映出本场净化工作进展的，得2分；评估分析报告不足3年或报告不完善的，得1分；否则不得分。

80. 实际检测数量与应检测数量基本一致，检测试剂购置数量或委托检测凭证与检测量相符

（1）概述 持续监测是养殖场开展疫病净化的基础，实际检测数量与应检测数量基本一致，检测试剂购置数量或委托检测凭证与检测量相符。

（2）评估要点 查阅养殖场检测试剂购置或委托检测凭证，并核实是否与应检测量相符。

（3）给分原则 有检测试剂购置或委托检测凭证且与应检测量相符，得2分；有检测试剂购置或委托检测凭证但与应检测量不相符，得1分；无检测试剂购置或委托检测凭证不得分。

（十一）场群健康

具有近1年内有资质的兽医实验室（即通过农业农村部实验室考核、通过实

验室资质认定或CNAS认可的兽医实验室）监督检验报告（每次抽检数量不少于200羽）并且结果符合。

81. 禽流感净化示范场：符合净化评估标准；创建场及其他病种示范场：禽流感免疫抗体合格率≥90%

（1）概述　鸡场疫病流行情况和鸡群健康水平是评估净化效果的重要参考。

（2）评估要点　查阅近1年检测报告，计算相应指标。

（3）给分原则　禽流感净化示范场：检测报告为近1年内有资质的兽医实验室出具，每次抽检数量≥200羽，每次检测结果均符合禽流感净化评估标准，得5分；否则不得分。

主要净化评估病种为禽流感的创建场：检测报告为近1年内有资质的兽医实验室出具，每次抽检数量≥200，每次检测结果禽流感H5亚型和H7亚型免疫抗体合格率≥90%，得5分；检测报告为非有资质兽医实验室出具扣2分，单次抽检数量不足200羽扣1分，任何一次检测结果禽流感H5亚型和H7亚型免疫抗体合格率＜90%扣2分；否则不得分。

其他病种示范场及创建场：检测报告结果为近1年内有资质的兽医实验室出具，每次抽检数量≥200羽，种鸡群或后备鸡群禽流感H5亚型和H7亚型免疫抗体合格率≥90%，得1分；抽检数量不足200羽但免疫抗体合格率达到要求，得0.5分；否则不得分。

82. 新城疫净化示范场：符合申报病种净化评估标准；创建场及其他病种示范场：新城疫免疫抗体合格率≥90%

（1）概述　鸡场疫病流行情况和鸡群健康水平是评估净化效果的重要参考。

（2）评估要点　查阅近1年检测报告，计算相应指标。

（3）给分原则　新城疫净化示范场：检测报告为近1年内有资质的兽医实验室出具，每次抽检数量≥200羽，每次检测结果均符合新城疫净化评估标准，得5分；否则不得分。

主要净化评估病种为新城疫的创建场：检测报告为近1年内有资质的兽医实验室出具，每次抽检数量≥200羽，每次检测结果新城疫免疫抗体合格率≥90%，得5分；检测报告为非有资质兽医实验室出具扣2分，单次抽检数量不足200羽扣1分，任何一次检测结果禽流感免疫抗体合格率＜90%扣2分；否则不得分。

其他病种示范场及创建场：检测报告结果为近 1 年内有资质的兽医实验室出具，每次抽检数量≥200 羽，种鸡群或后备鸡群新城疫免疫抗体合格率≥90%，得 1 分；抽检数量不足 200 羽但免疫抗体合格率达到要求，得 0.5 分；否则不得分。

83. 禽白血病净化示范场：符合申报病种净化评估标准；创建场及其他病种示范场：禽白血病 p27 抗原阳性率≤10%

（1）概述　鸡场疫病流行情况和鸡群健康水平是评估净化效果的重要参考。

（2）评估要点　查阅近 1 年检测报告，计算相应指标。

（3）给分原则　禽白血病净化示范场：检测报告结果为近 1 年内有资质的兽医实验室出具，每次抽检数量≥200 羽，每次检测结果均符合禽白血病净化评估标准，得 5 分；否则不得分。

主要净化评估病种为禽白血病的创建场：检测报告为近 1 年内有资质的兽医实验室出具，每次抽检数量≥200 羽，每次检测结果禽白血病 p27 抗原阳性率≤10%，得 5 分；检测报告为非有资质兽医实验室出具扣 2 分，单次抽检数量不足 200 羽扣 1 分，任何一次检测结果禽白血病 p27 抗原阳性率>10%扣 2 分；否则不得分。

其他病种示范场及创建场：检测报告结果为近 1 年内有资质的兽医实验室出具，每次抽检数量≥200 羽，每次检测结果禽白血病 p27 抗原阳性率≤10%，得 1 分，否则不得分。

84. 鸡白痢净化示范场：符合申报病种净化评估标准；创建场及其他病种示范场：鸡白痢抗体阳性率≤10%

（1）概述　鸡场疫病流行情况和鸡群健康水平是评估净化效果的重要参考。

（2）评估要点　查阅近 1 年检测报告，计算相应指标。

（3）给分原则　鸡白痢净化示范场：检测报告结果为近 1 年内有资质的兽医实验室出具，每次抽检数量≥200 羽，每次检测结果均符合鸡白痢净化评估标准，得 5 分；否则不得分。

主要净化评估病种为鸡白痢的创建场：检测报告为近 1 年内有资质的兽医实验室出具，每次抽检数量≥200 羽，每次检测结果鸡白痢抗体阳性率≤10%，得 5 分；检测报告为非有资质兽医实验室出具扣2分，单次抽检数量不足 200 羽扣 1 分，任何一次检测结果鸡白痢抗体阳性率＞10％扣 2 分；否则不得分。

其他病种示范场及创建场：检测报告结果为近 1 年内有资质的兽医实验室出具，每次抽检数量≥200 羽，每次检测结果鸡白痢抗体阳性率≤10％，得 1 分；否则不得分。

三、现场评估结果

净化示范场总分不低于 90 分，且关键项（＊项）全部满分，为现场评估通过。净化创建场总分不低于 80 分，为现场评估通过。

四、附录

附 录 A

（国家法律法规）

《中华人民共和国畜牧法》

《中华人民共和国动物防疫法》

《中华人民共和国农产品质量安全法》

附 录 B

（国家标准）

GB/T 32148—2015	家禽健康养殖规范
GB/T 27622—2011	畜禽粪便贮存设施设计要求
GB/T 7959—2012	粪便无害化卫生要求
GB/T 18877—2009	有机-无机复混肥料
GB/T 5749—2006	生活饮用水卫生标准
GB/T 18596—2001	畜禽养殖业污染物排放标准
GB/T 16569—1996	畜禽产品消毒规范
GB/T 25886—2010	养鸡场带鸡消毒技术要求
GB/T 13078—2001	饲料卫生标准
GB/T 16549—1996	畜禽产地检疫规范
GB/T 16567—1996	种畜禽调运检疫技术规范

附 录 C

（农业行业标准）

NY/T 1569—2007	畜禽养殖场质量管理体系建设通则
NY/T 2798—2015	无公害农产品 生产质量安全控制技术规范
NY/T 5339—2006	无公害食品 畜禽饲养兽医防疫准则
NY/T 682—2003	畜禽场场区设计技术规范
NY/T 1169—2006	畜禽场环境污染控制技术规范
NY/T 388—1999	畜禽场环境质量标准
NY/T 1168—2006	畜禽粪便无害化处理技术规范
NY/T 1334—2007	畜禽粪便安全使用准则
NY/T 525—2012	有机肥料
NY/T 5027—2008	无公害食品 畜禽饮用水水质
NY/T 1167—2006	畜禽场环境质量及卫生控制规范
NY/T 5030—2016	无公害农产品 兽药使用准则
NY/T 5032—2006	无公害食品 畜禽饲料和饲料添加剂使用准则
NY/T 1952—2010	动物免疫接种技术规范

附 录 D

（农业农村部下发相关文件）

《畜禽标识和养殖档案管理办法》

《动物防疫条件审查办法》

《种畜禽管理条例》

《畜禽规模养殖污染防治条例》

《兽用处方药和非处方药管理办法》

《执业兽医管理办法》

《病死及病害动物无害化处理技术规范》

《饲料和饲料添加剂管理条例》

《兽药管理条例》

《中华人民共和国兽药典》

《饲料药物添加剂使用规范》

《种畜禽管理条例实施细则》

《兽用生物制品质量标准》

第三章

奶牛场／种牛场主要
疫病净化评估标准及
释义

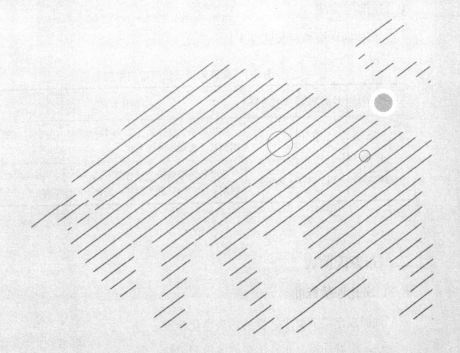

第一节 净化评估标准

一、口蹄疫

（一）净化评估标准

同时满足以下要求，视为达到**免疫无疫标准**：

（1）牛群抽检，口蹄疫免疫抗体合格率90％以上。

（2）牛群抽检，口蹄疫病原学检测均为阴性。

（3）连续2年以上无临床病例。

（4）现场综合审查通过。

（二）抽样检测

具体抽样检测要求见表3-1。

表3-1 免疫无疫评估实验室检测要求

检测项目	检测方法	抽样种群	抽样数量	样本类型
病原学检测	PCR	成年牛	按照证明无疫公式计算（CL＝95％，P＝3％）；随机抽样，覆盖不同栋牛群	O-P液
抗体检测	ELISA	成年牛	按照预估期望值公式计算（CL＝95％，P＝90％，误差e＝10％）；随机抽样，覆盖不同栋牛群	血清

二、布鲁氏菌病

（一）净化评估标准

同时满足以下要求，视为达到**净化标准**：

（1）牛群抽检，布鲁氏菌抗体检测阴性。

（2）连续2年以上无临床病例。

（3）现场综合审查通过。

（二）抽样检测

具体抽样检测要求见表 3-2。

表 3-2 净化评估实验室检测要求

检测项目	检测方法	抽样种群	抽样数量	样本类型
抗体检测	虎红平板凝集试验初筛及试管凝集试验确诊（或 C-ELISA 试验确诊）	成年牛	按照证明无疫公式计算（CL＝95%，P＝3%）；随机抽样，覆盖不同栋牛群	血清

三、牛结核病

（一）净化评估标准

同时满足以下要求，视为达到**净化标准**：

（1）牛群抽检，牛结核菌素皮内比较变态反应阴性。

（2）连续 2 年以上无临床病例。

（3）现场综合审查通过。

（二）抽样检测

具体抽样检测要求见表 3-3。

表 3-3 净化评估实验室检测要求

检测项目	检测方法	抽样种群	抽样数量	样本类型
免疫反应	牛结核菌素皮内比较变态反应	成年牛	按照证明无疫公式计算（CL＝95%，P＝3%）；随机抽样，覆盖不同栋牛群	牛体

第二节　现场综合审查评分表

现场综合审查评分表见表 3-4。

表 3-4　现场综合审查评分表

类别	编号	具体内容及评分标准	关键项	分值
必备条件	Ⅰ	土地使用符合相关法律法规与区域内土地使用规划，场址选择符合《中华人民共和国畜牧法》和《中华人民共和国动物防疫法》有关规定		必备条件
	Ⅱ	具有县级以上畜牧兽医主管部门备案登记证明，并按照农业农村部《畜禽标识和养殖档案管理办法》要求，建立养殖档案		
	Ⅲ	具有县级以上畜牧兽医主管部门颁发的动物防疫条件合格证，2年内无重大动物疫病和产品质量安全事件发生记录		
	Ⅳ	种畜禽养殖企业具有县级以上畜牧兽医主管部门颁发的种畜禽生产经营许可证		
	Ⅴ	有病死动物和粪污无害化处理设施设备，或有效措施		
	Ⅵ	奶牛存栏 500 头以上（种牛场、地方保种场除外）		
人员管理 5 分	1	有净化工作组织团队和明确的责任分工		1
	2	全面负责疫病防治工作的技术负责人具有畜牧兽医相关专业本科以上学历或中级以上职称		0.5
	3	全面负责疫病防治工作的技术负责人从事养牛业 3 年以上		0.5
	4	建立了合理的员工培训制度和培训计划		0.5
	5	有完整的员工培训考核记录		0.5
	6	从业人员有（有关布鲁氏菌病、结核病）健康证明		1
	7	有 1 名以上本场专职兽医技术人员获得执业兽医资格证书		1
结构布局 10 分	8	场区位置独立，与主要交通干道、居民区、屠宰厂（场）、交易市场有效隔离		2
	9	场区周围有有效防疫隔离带		0.5
	10	养殖场防疫标识明显（有防疫警示标语、标牌）		0.5
	11	办公区、生产区、生活区、粪污处理区和无害化处理区完全分开且相距 50m 以上		2
	12	有独立的挤奶厅，挤奶、储存、运输符合国家有关规定		2
	13	生产区有犊牛舍、育成（青年）牛舍、泌乳牛舍、干奶牛舍，牛舍布局设置合理		1
	14	净道与污道分开		2
栏舍设置 6 分	15	有独立的后备牛专用舍或隔离栏舍，用于选种或引种过程中牛只隔离		1
	16	有相对隔离的病牛专用隔离治疗舍		1
	17	有装牛台和预售牛观察设施设备		1
	18	有独立产房，且符合生物安全要求		2
	19	牛舍通风、换气和温控等设施设备运转良好		1
卫生环保 6 分	20	场区卫生状况良好，垃圾及时处理，无杂物堆放		1
	21	生产区具备有效的防鼠、防虫媒、防犬猫进入的设施设备或措施		1
	22	场区禁养其他畜禽，并防止周围其他畜禽进入场区		1
	23	粪便及时清理、转运；存放地点有防雨、防渗漏、防溢流措施		1
	24	牛舍废污排放符合环保要求		1
	25	水质检测符合人畜饮水卫生标准		0.5
	26	具有县级以上环保行政主管部门的环评验收报告或许可		0.5

（续）

类别	编号	具体内容及评分标准	关键项	分值
无害化处理 9 分	27	粪污的无害化处理符合生物安全要求		1
	28	病死动物剖检场所符合生物安全要求		1
	29	建立了病死牛无害化处理制度		2
	30	病死牛无害化处理设施设备或措施运转有效并符合生物安全要求		2
	31	有完整的病死牛无害化处理记录并具有可追溯性		2
	32	无害化记录保存 3 年以上		1
消毒管理 10 分	33	有完善的消毒管理制度		1
	34	场区入口有有效的车辆消毒池和覆盖全车的消毒设施设备		1
	35	场区入口有有效的人员消毒设施设备		1
	36	有严格的车辆及人员出入场区消毒及管理制度		1
	37	车辆及人员出入场区消毒管理制度执行良好并记录完整		1
	38	生产区入口有有效的人员消毒、淋浴设施设备		1
	39	有严格的人员进入生产区消毒及管理制度		1
	40	人员进入生产区消毒及管理制度执行良好并记录完整		1
	41	栋舍、生产区内部有定期消毒措施且执行良好		1
	42	有消毒剂配制和管理制度		0.5
	43	消毒液定期更换，配制及更换记录完整		0.5
生产管理 10 分	44	制定了投入品（含饲料、兽药、生物制品）管理使用制度，执行良好并记录完整		1
	45	饲料、药物、疫苗等不同类型的投入品分类分开储藏，标识清晰		1
	46	生产记录完整，有生长记录、发病治疗淘汰记录、日饲料消耗记录和饲料添加剂使用记录		2
	47	有健康巡查制度及记录		2
	48	年流产率不高于 5%		1
	49	开展 DHI 生产性能测定，结果符合要求		1
	50	建立奶牛饲养管理、卫生保健技术规范，执行良好并记录完整		1
	51	挤奶厅卫生控制符合要求，生鲜乳卫生检测记录完整		1
防疫管理 11 分	52	卫生防疫制度健全，有传染病应急预案		1
	53	有独立兽医室		1
	54	兽医室具备正常开展临床诊疗和采样条件		1
	55	兽医诊疗与用药记录完整		1
	56	有完整的病死动物剖检记录		1
	57	有乳房炎、蹄病等治疗和处理方案		1

（续）

类别	编号	具体内容及评分标准	关键项	分值
防疫管理 11 分	58	有非正常生鲜乳处理规定，有抗生素使用隔离和解除制度，且记录完整		2
	59	对流产牛进行隔离并开展布鲁氏菌病检测		1
	60	有动物发病记录、阶段性疫病流行记录或定期牛群健康状态分析总结		1
	61	制订了口蹄疫等疫病科学合理的免疫程序，执行良好并记录完整		1
种源管理 9 分	62	建立了科学合理的引种管理制度		1
	63	引种管理制度执行良好并记录完整		1
	64	引入奶牛、精液、胚胎，证件（动物检疫合格证明、种畜禽合格证、系谱证）齐全		1
	65	引入奶牛或种牛，有隔离观察记录		1
	66	留用精液/供体牛，有抽检检测报告结果：口蹄疫病原检测阴性	*	1
	67	留用精液/供体牛，抽检检测报告结果：布鲁氏菌病检测阴性	*	1
	68	留用精液/供体牛，抽检检测报告结果：结核病检测阴性	*	1
	69	有近3年完整的奶牛销售记录		1
	70	本场供给种牛/精液有口蹄疫、布鲁氏菌病、牛结核病抽检记录		1
监测净化 17 分	71	有布鲁氏菌病年度（或更短周期）监测方案并切实可行		1
	72	有结核病年度（或更短周期）监测方案并切实可行		1
	73	有口蹄疫年度（或更短周期）监测方案并切实可行		1
	74	检测记录能追溯到相关动物的唯一性标识（如耳标号）	*	3
	75	根据监测方案开展监测，且监测报告保存3年以上	*	3
	76	开展过主要动物疫病净化工作，有布鲁氏菌病/结核病/口蹄疫净化方案	*	1
	77	净化方案符合本场实际情况，切实可行	*	2
	78	有3年以上的净化工作实施记录，保存3年以上	*	1.5
	79	有定期净化效果评估和分析报告（生产性能、流产率、阳性率等）		1.5
	80	实际检测数量与应检测数量基本一致，检测试剂购置数量或委托检测凭证与检测量相符		2
场群健康 7 分	81	口蹄疫净化示范场：符合申报病种净化评估标准；创建场及其他病种示范场：口蹄疫免疫抗体合格率≥80%	*	1/5#
	82	布鲁氏菌病净化示范场：符合申报病种净化评估标准；创建场及其他病种示范场：布鲁氏菌病阳性检出率≤0.5%	*	1/5#
	83	结核病净化示范场：符合申报病种净化评估标准；创建场及其他病种示范场：结核病阳性检出率≤0.5%	*	1/5#

（续）

类别	编号	具体内容及评分标准	关键项	分值
		总 分		100

注：1. "＊"表示此项为关键项，净化示范场总分不低于90分，且关键项全部满分，为现场评估通过。净化创建场总分不低于80分，为现场评估通过。

2. "♯"表示申报评估的病种该项分值为5分，其余病种为1分。

第三节 现场综合审查要素释义

一、必备条件

该部分条款，作为规模化奶牛场/种牛场主要动物疫病净化场入围的基本条件，其中任意一项不符合条件，不予入围。

Ⅰ 土地使用符合相关法律法规与区域内土地使用规划，场址选择符合《中华人民共和国畜牧法》（以下简称《畜牧法》）和《中华人民共和国动物防疫法》（以下简称《动物防疫法》）有关规定

（1）概述 此项为必备项。我国支持和鼓励养殖业的规模化、产业化、标准化发展，同时要求养殖用地符合当地土地利用规划，并符合相关法律法规要求。《畜牧法》第四十条规定，禁止在下列区域内建设畜禽养殖场、养殖小区：生活饮用水的水源保护区、风景名胜区，以及自然保护区的核心区和缓冲区；城镇居民区、文化教育科学研究区等人口集中区域；法律法规规定的其他禁养区域。

（2）评估要点 现场查看有关部门出具的土地使用协议、备案手续或建设规划证明。"法律法规规定的其他禁养区域"，符合当地国土部门制定的土地规划。

（3）入围原则 申请场具有有关部门出具的土地使用协议、备案手续或建设规划证明，场址位置符合地方政府关于禁养区、限养区管理的相关规定，认为此项符合；否则为不符合，不予入围。

Ⅱ 具有县级以上畜牧兽医主管部门备案登记证明，并按照农业农村部《畜禽标识和养殖档案管理办法》要求，建立养殖档案

（1）概述 此项为必备项。《畜牧法》第三十九条规定，我国畜禽养殖场实

行备案。农业农村部颁布的《畜禽标识和养殖档案管理办法》规范了养殖档案管理。

（2）评估要点 查看县级以上畜牧兽医行政主管部门的备案登记材料，并初步了解养殖档案信息，确认至少涵盖以下内容：家畜品种、数量、繁殖记录、标识情况、来源、进出场日期；投入品采购、使用情况；检疫、免疫、消毒情况；家畜发病、死亡和无害化处理情况；家畜养殖代码；农业农村部规定的其他内容。

（3）入围原则 申请场应当同时具备以上基本条件要素，认为此项为符合；否则为不符合，不予入围。

Ⅲ 具有县级以上畜牧兽医主管部门颁发的动物防疫条件合格证，2年内无重大动物疫病和产品质量安全事件发生记录

（1）概述 此项为必备项。根据《动物防疫法》及《动物防疫条件审查办法》，动物饲养场应符合《动物防疫条件审查办法》所规定的动物防疫条件，并取得动物防疫条件合格证。养殖场2年内无重大动物疫病和产品质量安全事件发生。

（2）评估要点 查看养殖场的动物防疫条件合格证、无重大动物疫病以及产品质量安全相关记录。

（3）入围原则 取得动物防疫条件合格证并在有效期内（或年审合格）的，以及2年内无重大动物疫病和产品质量安全事件发生且记录完整的，认为此项为符合；不能提供动物防疫条件合格证或动物防疫条件合格证不在有效期内（或年审不合格）的，或不能提供2年内无重大动物疫病和产品质量安全事件发生记录的，为不符合，不予入围。

Ⅳ 种畜禽养殖企业具有县级以上畜牧兽医主管部门颁发的种畜禽生产经营许可证

（1）概述 此项为必备项。《种畜禽管理条例》第十五条规定，生产经营种畜禽的单位和个人，必须向县级以上人民政府畜牧兽医行政主管部门申领种畜禽生产经营许可证。生产经营畜禽冷冻精液、胚胎或其他遗传材料的，由农业农村部或省、自治区、直辖市人民政府畜牧兽医行政主管部门核发种畜禽生产经营许可证。

（2）评估要点 查看养殖场的种畜禽生产经营许可证。

（3）入围原则 取得种畜禽生产经营许可证并在有效期内的，认为此项为符合；不能提供种畜禽生产经营许可证或种畜禽生产经营许可证不在有效期内的，为不符合，不予入围。

V 有病死动物和粪污无害化处理设施设备，或有效措施

（1）概述 此项为必备项。《畜牧法》第三十九条规定，畜禽养殖场、养殖小区应有对畜禽粪便、废水和其他固体废弃物进行综合利用的沼气池等设施设备或者其他无害化处理设施设备；《畜禽规模养殖污染防治条例》第十三条规定，畜禽养殖场、养殖小区应当根据养殖规模和污染防治需要，建设相应的畜禽粪便、污水与雨水分流设施设备，畜禽粪便、污水的储存设施设备，粪污厌氧消化和堆沤、有机肥加工、制取沼气、沼渣沼液分离和输送、污水处理、畜禽尸体处理等综合利用和无害化处理设施设备。已经委托他人对畜禽养殖废弃物代为综合利用和无害化处理的，可以不自行建设综合利用和无害化处理设施设备。

（2）评估要点 现场查看养殖场病死动物和粪污无害化处理设施设备，以及相关文件记录。

（3）入围原则 养殖场具有病死动物和粪污无害化处理设施设备，或有效的动物无害化处理措施认为此项为符合；否则为不符合，不予入围。

Ⅵ 奶牛存栏 500 头以上（种牛场、地方保种场除外）

（1）概述 此项为必备项。奶牛场奶牛的数量是其规模化养殖的体现和证明。

（2）评估要点 查看养殖场养殖档案等相关文件或记录。

（3）入围原则 能提供养殖场最新的养殖档案等相关文件或记录，认为此项为符合；否则为不符合，不予入围。

二、评分项目

该部分条款为规模化奶牛场/种牛场主要动物疫病净化场现场综合审查的评分项，共计 83 小项，满分 100 分，根据现场审查实际情况逐项评分。

（一）人员管理

1. 有净化工作组织团队和明确的责任分工

（1）概述 动物疫病净化为一项长期性、系统性的工作，应由养殖企业主要负责人牵头组建净化工作组织团队，并明确责任分工，确保净化各项措施有效落实。

（2）评估要点 查阅净化工作组织团队名单、责任分工等相关证明材料。

（3）给分原则　组建净化团队并分工明确，材料完整，得 1 分；仅组建净化团队，无明确分工，得 0.5 分；无明确的净化团队，不得分。

2. 全面负责疫病防治工作的技术负责人具有畜牧兽医相关专业本科以上学历或中级以上职称

（1）概述　养殖场应按照《畜禽养殖场质量管理体系建设通则》（NY/T 1569）要求，建立岗位管理制度，明确岗位职责，从业人员应取得相应资质。疫病防治工作技术负责人的专业知识、能力和水平关系到养殖场疫病净化的实施和效果，应对其专业素质做出明确规定。

（2）评估要点　查阅技术负责人档案及相关证书。

（3）给分原则　具有畜牧兽医相关专业本科以上学历或中级以上职称，得 0.5 分；否则不得分。

3. 全面负责疫病防治工作的技术负责人从事养牛业 3 年以上

（1）概述　同上条。养殖场疫病防治工作技术负责人需具有较丰富的从业经验。

（2）评估要点　查阅技术负责人档案并询问其工作经历。

（3）给分原则　从事养牛业 3 年以上，得 0.5 分；否则不得分。

4. 建立了合理的员工培训制度和培训计划

（1）概述　养殖场应按照 NY/T 1569、《无公害食品　奶牛饲养兽医防疫准则》（NY/T 5047）、《标准化养殖场　奶牛》（NT/T 2662）、《无公害农产品　生产质量安全控制技术规范》（NY/T 2798）要求，建立培训制度，制订培训计划并组织实施。直接从事种畜禽生产的工人需要经过专业技术培训，熟练掌握相应的生产基本知识和技能，养殖场应安排资金用于员工职业技术培训。

（2）评估要点　查阅近 1 年员工培训制度及近 1 年员工培训计划。

（3）给分原则　有员工培训制度和培训计划，得 0.5 分；否则不得分。

5. 有完整的员工培训考核记录

（1）概述　养殖场制定的各项管理制度和生产规程、技术规范，需要通过一定的宣贯方式，传达到每一位员工，并使其知悉和掌握。

（2）评估要点 查阅近1年员工培训考核记录，重点查看各生产阶段员工培训考核记录。

（3）给分原则 有员工培训考核记录，得0.5分；否则不得分。

6. 从业人员有（有关布鲁氏菌病、结核病）健康证明

（1）概述 养殖场应按照《奶牛场卫生规范》（GB/T 16568）、《无公害食品畜禽饲养兽医防疫准则》（NY/T 5339）、NY/T 2798要求，建立职工健康档案；从业人员每年进行一次健康检查并获得健康证；奶牛场员工应确认无结核病、布鲁氏菌病及其他传染病。同时，要求饲养人员应具备一定的自身防护常识。

（2）评估要点 现场查阅养殖场从业人员，特别是与生产密切相关岗位人员的健康证明。

（3）给分原则 与生产密切相关工作岗位从业人员具有有关布鲁氏菌病、结核病的健康证明，得1分；否则不得分。

7. 有1名以上本场专职兽医技术人员获得执业兽医资格证书

（1）概述 按照《兽用处方药和非处方药管理办法》《执业兽医管理办法》、NY/T 1569、NY/T 2798等要求，养殖场应聘任专职兽医，本场兽医应获得执业兽医资格证书。

（2）评估要点 现场查看养殖场专职兽医的执业兽医资格证书和专职证明性记录（如社保或工资发放证明）。

（3）给分原则 本场有1名以上的专职兽医技术人员取得执业兽医资格证书，得1分；否则不得分。

（二）结构布局

8. 场区位置独立，与主要交通干道、居民区、屠宰厂（场）、交易市场有效隔离

（1）概述 按照GB/T 16568、《畜禽场场区设计技术规范》（NY/T 682）、NY/T 5339、《奶牛标准化规模养殖生产技术规范》《动物防疫条件审查办法》等要求，种牛场还应符合《种牛场建设标准》（NYJ/T 01），畜禽场选址应符合环境条件要求，并与主要交通干道、生活区、屠宰厂（场）、交易市场等容易产生

污染的单位保持有效距离。

（2）评估要点　现场查看养殖场场区位置与周边环境。

种牛场：距离动物隔离场所、无害化处理场所、屠宰厂（场）、集贸市场、动物诊疗场所 3 000m；距离化工厂 1 500m；其余要求距离 1 000m。

奶牛场：距离动物隔离场所、无害化处理场 3 000m；距离动物屠宰厂（场）、动物集贸市场、兽医院 2 000m；距离居民区、生活水源地 1 000m 且处于下风处；距离交通干线、其他养殖场 500m。

（3）给分原则　部分养殖场要达到规定的隔离距离要求，实际操作难度较大，需现场仔细查看周边环境和隔离设施设备或措施（例如，树木等自然屏障隔离等），位置独立且能满足有效隔离要求的，得 2 分；位置独立但不能有效隔离的，得 1 分；否则不得分。

9. 场区周围有有效防疫隔离带

（1）概述　防疫隔离带是疫病防控的基础性组成部分，按照《动物防疫条件审查办法》《无公害食品　奶牛饲养管理准则》（NY/T 5049）等要求，牛场周围应有绿化隔离带。

（2）评估要点　现场查看防疫隔离带。

防疫隔离带可以是围墙、防风林、灌木、防疫沟或其他的物理隔离形式，有利于切断人员、车辆的自由流动。

（3）给分原则　有防疫隔离带，得 0.5 分；否则不得分。

10. 养殖场防疫标识明显（有防疫警示标语、标牌）

（1）概述　防疫标识是疫病防控的基础性组成部分。依据有关法规，按照 NY/T 5339 要求，养殖场应设置明显的防疫警示标牌，禁止任何来自可能染疫地区的人员及车辆进入场内。

（2）评估要点　现场查看防疫警示标牌。

（3）给分原则　有明显的防疫警示标识，得 0.5 分；否则不得分。

11. 办公区、生产区、生活区、粪污处理区和无害化处理区完全分开且相距 50m 以上

（1）概述　场区设计和布局应符合《动物防疫条件审查办法》《奶牛标准化

规模养殖生产技术规范》、GB/T 16568、NY/T 682、NY/T 2662 规定，设计合理，布局科学。

（2）评估要点　现场查看养殖场布局。生活区应在场区地势较高上风处，与生产区严格分开，距离 50m；辅助生产区设在生产区边缘下风处，饲料加工车间远离饲养区，草垛与牛舍间距 50m；粪污处理、无害化处理、病牛隔离区（包括兽医室）分别设在生产区外围下风地势低处，用围墙或绿化带与生产区隔离，隔离区与生产区通过污道连接。另外，病牛隔离区与生产区距离 300m，粪污处理区与功能地表水体距离 400m。

（3）给分原则　生产区与其他各区均距离 50m 以上者，得 2 分；其他任意两区未有效分开，得 1 分；生产区与生活区未区分者，不得分。

12. 有独立的挤奶厅，挤奶、储存、运输符合国家有关规定

（1）概述　挤奶厅的设计和规模应符合《奶牛标准化规模养殖生产技术规范》、NY/T 2798 要求，挤奶操作还应符合 GB/T 16568、NY/T 2798、NY/T 2662 要求，储运应按有关法规规定取得许可证，并符合《生乳贮运技术规范》（NY/T 2362）。

（2）评估要点　现场查看挤奶厅规模和运行，查看生鲜乳生产、储运相关许可及实际情况，查看挤奶操作过程。

（3）给分原则　有独立的挤奶厅或自动化挤奶设施设备，挤奶、储存、运输设施设备符合要求，许可证明资料齐备，得 1 分；挤奶操作规范，有非正常生鲜乳（初乳、抗生素奶）挤奶并单独储存的设施设备及记录，得 1 分；否则不得分。

13. 生产区有犊牛舍、育成（青年）牛舍、泌乳牛舍、干奶牛舍，牛舍布局设置合理

（1）概述　奶牛场应设置犊牛舍、育成（青年）牛舍、泌乳牛舍、干奶牛舍，各栋舍之间应符合规定的间距或有物理隔离。按照《奶牛标准化规模养殖生产技术规范》要求，各栋舍之间消防距离 12m；出生至断奶前犊牛宜采用犊牛岛饲养。按照《动物防疫条件审查办法》规定，各栋舍之间距离 5m 以上或有隔离设施设备。

（2）评估要点　现场查看奶牛场生产区犊牛舍、育成（青年）牛舍、泌乳牛舍、干奶牛舍。

（3）给分原则 生产区有犊牛舍、育成（青年）牛舍、泌乳牛舍、干奶牛舍且布局合理，得 0.5 分；出生至断奶前采用犊牛岛饲养，各栋舍之间距离符合要求，有绿化隔离带或物理隔离，得 0.5 分；否则不得分。

14. 净道与污道分开

（1）概述 生产区净道与污道分开是切断动物疫病传播途径的有效手段。按照《动物防疫条件审查办法》规定，生产区内净道、污道分设；按照 GB/T 16568、NY/T 5049 要求净道与污道应分开，污道在下风向；按照《奶牛标准化规模养殖生产技术规范》要求，粪污处理和病畜隔离区应有单独通道；运输饲料的道路与污道应分开；按照 NY/T 2798、《奶牛标准化规模养殖生产技术规范》要求，挤奶厅、生鲜乳运输应有专用的运输通道，不可与污道交叉。

（2）评估要点 现场查看净道、污道设置。

（3）给分原则 净道与污道完全分开，不交叉，得 2 分；有个别点状交叉但有制度规定使用时间及消毒措施，得 1.5 分；净道与污道存在部分交叉，得 1 分；净道与污道未区分，不得分。

（三）栏舍设置

15. 有独立的后备牛专用舍或隔离栏舍，用于选种或引种过程中牛只隔离

（1）概述 引种隔离在养殖场日常生产工作中占有重要作用。后备牛专用舍和引种隔离栏舍，作为奶牛场规范化运行内容，有利于降低牛群疫病传入、传播风险。引种隔离应符合《种畜禽调运检疫技术规范》（GB/T 16567）、GB/T 16568、NY/T 5339、NY/T 5049 规定。

（2）评估要点 现场查看引种隔离舍和后备牛专用舍；查看其是否独立设置。

（3）给分原则 后备牛专用舍或引种隔离舍独立设置，得 1 分；否则不得分。

16. 有相对隔离的病牛专用隔离治疗舍

（1）概述 为降低病牛传播疫病的风险，按照《动物防疫条件审查办法》要

求，饲养场应有相对独立的患病动物隔离舍。主要用于病牛隔离和治疗。按照《标准化奶牛场建设规范》（NY/T 1567）、NY/T 2662、NY/T 2798、NY/T 5339、NY/T 682、《奶牛标准化规模养殖生产技术规范》要求，病牛隔离区主要包括兽医室、隔离牛舍，应设在生产区外围下风地势低处，远离生产区（与生产区保持300m以上间距），与生产区有专用通道相通，与场外有专用大门相通。

（2）评估要点　现场查看病牛专用隔离治疗舍。

现场检查其位置是否合理，是否与生产区相对独立并保持一定间距。

（3）给分原则　有相对独立的病牛专用隔离治疗舍，且位置合理，得1分；否则不得分。

17. 有装牛台和预售牛观察设施设备

（1）概述　按照NY/T 682、NY/T 2662要求，牛场应设有称重装置、保定架、装（卸）牛台等设施设备。预售奶牛禁止进入牛舍与牛群直接接触。

（2）评估要点　现场查看装牛台和预售牛观察设施设备。

（3）给分原则　有装牛台和预售牛观察设施设备，得1分；否则不得分。

18. 有独立产房，且符合生物安全要求

（1）概述　牛只在分娩期间经历了内分泌、营养、代谢、生理状态等多种变化，这期间牛只机体最容易受到外界各种因素的影响，任何一个环节出现问题，将会直接影响牛只健康及生产性能。因此需有独立且符合生物安全要求的产房。NY/T 2662要求，奶牛场应设置产房，配置产栏，产栏面积 $16m^2$/头以上。《奶牛标准化规模养殖生产技术规范》等对产科管理提出较为具体的要求。

（2）评估要点　现场查看牛场产房。

（3）给分原则　有独立且符合生物安全要求的产房，得2分；有独立产房但不符合生物安全要求，得1分；否则不得分。

19. 牛舍通风、换气和温控系统等设施设备运转良好

（1）概述　通风换气、温度调节设备，是衡量现代化养殖的一项重要参考指标。按照GB/T 16568、NY/T 2662、《畜禽场环境污染控制技术规范》（NY/T 1169）要求，牛舍建设应满足隔热、采光、通风、保温要求，配置降温、防寒、通风设施设备。按照NY/T 5049、《奶牛标准化规模养殖生产技术规范》要求，

夏季应减少奶牛热辐射、通风、降温，牛舍温度、湿度、气流、光照应满足奶牛不同饲养阶段的需求。《畜禽场环境质量标准》（NY/T 388）规定了舍区生态环境应达到的具体指标。

（2）评估要点　现场查看牛舍通风、换气和温控等设施设备。

（3）给分原则　牛舍有通风、换气和温控系统等设施设备且运转良好，得1分；牛舍有通风、换气和温控系统等设施设备但未正常运转，得0.5分；牛舍无通风、换气和温控系统等设施设备不得分。

（四）卫生环保

20. 场区卫生状况良好，垃圾及时处理，无杂物堆放

（1）概述　良好的卫生环境，既体现养殖场现代化管理水平，也体现养殖场对生物安全管理的重视。按照NY/T 2662要求，奶牛场应场区整洁，垃圾合理收集、及时清理。按照NY/T 2798要求，奶牛场污物及时清扫干净，保持环境卫生。及时清除杂草和水坑等蚊蝇滋生地，消灭蚊蝇。

（2）评估要点　现场查看场区内垃圾集中堆放，位置是否合理，是否有杂物堆放。

（3）给分原则　场区卫生状况良好，无垃圾杂物堆放，得1分；否则不得分。

21. 生产区具备有效的防鼠、防虫媒、防犬猫进入的设施设备或措施

（1）概述　鼠、虫、犬猫常携带多种病原体，对牛场养殖具有较大威胁。按照《动物防疫条件审查办法》要求，种畜禽场应有必要的防鼠、防鸟、防虫设施设备或者措施。按照NY/T 2798、《奶牛标准化规模养殖生产技术规范》要求，奶牛场应采取措施控制啮齿类动物和虫害，防止污染饲草料，要定时定点投放灭鼠药，对废弃鼠药和毒死鸟鼠等，按国家有关规定处理。

（2）评估要点　现场查看牛场内环境卫生，尤其是低洼地带、墙基、地面；查看饲料存储间的防鼠设施设备；查看牛舍外墙角的防鼠碎石/沟；查看防鼠的措施和制度；向养殖场工作人员了解防鼠灭鼠措施和设施设备。

（3）给分原则　有防鼠害的措施和制度，饲料存储间、牛舍外墙角有必要的防鼠设施设备，日常开展防鼠灭鼠工作，能够有效防鼠，得1分；否则不得分。

22. 场区禁养其他家畜家禽，并防止周围其他畜、禽进入场区

（1）概述　按照 GB/T 16568、NY/T 2798 等规范要求，奶牛场不应饲养其他畜禽。按照 NY/T 2798、NY/T 5339 等规范要求，不得将畜禽及其产品带入场区。按照《奶牛标准化规模养殖生产技术规范》要求，对特殊情况下需要饲养犬的，要求加强管理，并实施防疫和驱虫处理。鉴于犬猫可携带多种人兽共患传染病病原，是多种寄生虫的宿主，对于动物疫病净化潜在影响较大，因此，动物疫病净化养殖场原则上不得喂养犬猫。

（2）评估要点　查看防止外来动物进入场区的设施设备，查看场区是否饲养其他畜禽。

（3）给分原则　场区未饲养其他动物，现有设施设备和措施能有效防止周围其他动物进入场区，得 1 分；否则不得分。

23. 粪便及时清理、转运；存放地点有防雨、防渗漏、防溢流措施

（1）概述　养殖场清粪工艺、频次，粪便堆放、处理应按照 GB/T 16568、《畜禽粪便无害化处理技术规范》（NY/T 1168）、《畜禽粪便安全使用准则》（NY/T 1334）、NY/T 2662、《奶牛标准化规模养殖生产技术规范》等要求执行。采取干清粪工艺，日产日清；收集过程采取防扬散、防流失、防渗透等工艺；粪便定点堆积；储存场所有防雨、防渗透、防溢流措施；实行生物发酵等粪便无害化处理工艺以达到《粪便无害化卫生要求》（GB/T7959）规定。利用无害化处理后的粪便生产有机肥，应符合《有机肥料》（NY/T 525）规定；生产复混肥，应符合《有机-无机复混肥料》（GB/T 18877）的规定。未经无害化处理的粪便，不得直接施用。养殖场发生重大动物疫情时，按照防疫有关要求处理粪便。

（2）评估要点　现场查看牛粪储存设施设备和场所。

（3）给分原则　有固定的牛粪储存、堆放设施设备和场所，并有防雨、防渗漏、防溢流措施，或及时转运，得 1 分；否则不得分。

24. 牛舍废污排放符合环保要求

（1）概述　养殖场废污排放应遵守国家法律法规之规定，废污排放标准及应采取的措施按照《畜禽养殖业污染物排放标准》（GB/T 18596）、GB/T 7959、GB/T 16568、NY/T 1169、NY/T 1168、NY/T 2662、《奶牛标准化规模养殖生

产技术规范》等规范要求，结合本场实际执行。实行粪尿干湿分离、雨污分离、污水分质输送等以减少排污；液态粪便应采取生物技术进行无害化处理，处理后的上清液作为农田灌溉用水时，应符合《农田灌溉水质标准》（GB/T 5084）规定；处理后的污水直接排放时，应符合 GB/T 18596 的规定。

（2）评估要点　现场检查废污处理系统，查阅相关部门检测报告。

（3）给分原则　有废污处理设施设备且运转正常，有相关部门检测报告且证明废水、污水排放符合相关要求，得 1 分；否则不得分。

25. 水质检测符合人畜饮水卫生标准

（1）概述　水与畜禽生命关系密切，是其机体的重要组成部分，因水质导致畜禽疫病或死亡，也一定程度上影响公共卫生安全。畜禽场饮用水水质应达到《生活饮用水卫生标准》（GB/T 5749）或《无公害食品　畜禽饮用水水质》（NY/T 5027）。按照《畜禽场环境质量及卫生控制规范》（NY/T 1167）、NY/T 2798 要求，养殖场应定期检测饮用水质，定期清洗和消毒供水、饮水设施设备。

（2）评估要点　查看有资质实验室出具的水质检测报告。

（3）给分原则　有相关部门水质检测报告且满足 GB/T 5749 或 NY/T 5027 要求，得 0.5 分；否则不得分。

26. 具有县级以上环保行政主管部门的环评验收报告或许可

（1）概述　《畜禽规模养殖污染防治条例》规定，新、改、扩建养殖场，应当满足动物防疫条件，并进行环境影响评价。项目按照其对环境的影响程度分别编制环境影响报告书、报告表、登记表。

（2）评估要点　查看县级以上环保行政主管部门的环评验收报告或许可。

（3）给分原则　具有县级以上环保行政主管部门的环评验收报告或许可，得 0.5 分；否则不得分。

（五）无害化处理

27. 粪污的无害化处理符合生物安全要求

（1）概述　按照 NY/T 1567 要求，粪污应遵循减量化、无害化和资源化的原则，场区内应有与生产规模及其他设施设备相匹配的粪污处理设施设备，粪污经无害化处理后应符合 GB/T 18596 规定的排放要求。奶牛场和种牛场宜采用堆肥发酵方式对粪污进行无害化处理，处理结果应符合 NY/T 1168 的要求。

（2）评估要点　粪污处理设施设备和处理能力是否与生产规模相匹配，是否采用堆肥发酵等方式对粪污进行无害化处理。

（3）给分原则　粪污处理设施设备和处理能力与生产规模相匹配，处理结果证明符合 NY/T 1168 相关要求，得 1 分；否则不得分。

28. 病死动物剖检场所符合生物安全要求

（1）概述　病死动物通常带有大量病原，如在没有生物安全防护的场所对其剖检，极易造成病原的扩散而污染环境和养殖场内易感动物。按照《无公害农产品　兽药使用准则》（NY/T 5030）要求，发生动物死亡，应请专业兽医解剖，分析原因。按照 NY/T 5047 要求，奶牛场内不准屠宰和解剖牛只。解剖场所应远离生产区，剖检过程应做好生物安全防护，不得形成二次污染。

（2）评估要点　现场查看病死动物剖检场所的位置及生物安全状况；不在场内剖检的，查看病死牛无害化处理相关记录。

（3）给分原则　病死动物剖检场所远离生产区并符合生物安全要求，得 1 分；不在场内剖检的，病死牛无害化处理符合生物安全要求并且相关记录完整，得 1 分；否则不得分。

29. 建立了病死牛无害化处理制度

（1）概述　按照《动物防疫条件审查办法》、NY/T 1569 要求，畜禽养殖场应建立对病、死畜禽的治疗、隔离、处理制度。

（2）评估要点　查阅病死牛无害化处理制度。

（3）给分原则　建立了病死牛无害化处理制度，得 2 分；否则不得分。

30. 病死牛无害化处理设施设备或措施运转有效并符合生物安全要求

（1）概述　按照《畜禽规模养殖污染防治条例》《动物防疫条件审查办法》等法规要求，养殖场应具备病死牛无害化处理设施设备。按照 NY/T 1567、NY/T 2662、NY/T 2798、NY/T 5047、NY/T 5339 要求，病死及病害动物和相关动物产品、污染物应按照《病死及病害动物无害化处理技术规范》进行无害化处理，相关消毒工作按《畜禽产品消毒规范》（GB/T 16569）进行消毒。

（2）评估要点　现场查看病死牛无害化处理设施设备及其运转情况。

（3）给分原则　配备焚烧炉、化尸池或其他病死牛无害化处理设施设备且运转正常，或具有其他有效的动物无害化处理措施，得2分；配备焚烧炉、化尸池或其他病死牛无害化处理设施设备但未正常运转，得1分；否则不得分。或是，由地方政府统一收集进行无害化处理且当日不能拉走的，场内有病死动物低温暂存间并能够提供完整记录，得2分；记录不完整得1分；否则不得分。

31. 有完整的病死牛无害化处理记录并具有可追溯性

（1）概述　病死牛无害化处理既是牛场疫病净化的主要内容，也是平时开展疫病诊断、预防的重要环节，处理记录应具有可追溯性。养殖场无害化处理记录内容应按NY/T 5047、NY/T 1569规定填写。

（2）评估要点　查阅相关档案，抽取病死牛记录，追溯其隔离、淘汰、诊疗、无害化处理等相关记录。

（3）给分原则　病死牛处理档案完整、可追溯，得2分；病死牛处理档案不完整，得1分；无病死牛处理档案，不得分。

32. 无害化处理记录保存3年以上

（1）概述　按照NY/T 5049要求，牛只个体记录应长期保存。按照NY/T 5047要求，相关记录在清群后保存3年以上。按照《病死及病害动物无害化处理技术规范》要求，无害化处理记录应由相关负责人员签字并妥善保存2年以上。为了全面掌握养殖场疫病净化工作开展情况，净化场相关记录应保存3年以上。

（2）评估要点　查阅近3年病死牛处理档案（建场不足3年，查阅自建场之日起档案）。

（3）给分原则　档案保存期3年及以上（或自建场之日起），得1分；档案保存不足3年，得0.5分；无档案，不得分。

（六）消毒管理

33. 有完善的消毒管理制度

（1）概述　按照GB/T 16568要求，养殖场应建立健全消毒制度，消毒工作按照NY/T 5049执行。消毒制度应按照NY/T 1569、NY/T 2798、《奶牛标准化规模养殖生产技术规范》等要求，结合本场实际制定。

（2）评估要点 现场检查消毒管理制度。

（3）给分原则 有完善的消毒管理制度，得 1 分；有制度但不完整，得 0.5 分；无制度，不得分。

34. 场区入口有有效的车辆消毒池和覆盖全车的消毒设施设备

（1）概述 入场车辆是动物疫病传入的关键风险点之一。按照《动物防疫条件审查办法》、GB/T 16568、NY/T 2662、NY/T 5339 要求，场区出入口处设置与门同宽的车辆消毒池。也可按照 NY/T 2798 规定，在场区入口设置能满足进出车辆消毒要求的设施设备。

（2）评估要点 现场查看消毒设施设备。

（3）给分原则 场区入口有车辆消毒池和覆盖全车的消毒设施设备，且能满足车辆消毒要求，得 1 分；仅有消毒池或设施设备但无法完全满足车辆消毒要求，得 0.5 分；否则不得分。

35. 场区入口有有效的人员消毒设施设备

（1）概述 按照《动物防疫条件审查办法》、NY/T 2662、NY/T 5339 要求，场区出入口处设置消毒室。经管理人员许可，外来人员应在消毒后穿专用工作服进入场区。

（2）评估要点 现场查看消毒设施设备。

（3）给分原则 场区入口有有效的人员消毒设施设备，得 1 分；有人员消毒设施但不能完全满足人员消毒要求，得 0.5 分；否则不得分。

36. 有严格的车辆及人员出入场区消毒及管理制度

（1）概述 养殖场应按照 NY/T 1569 要求，建立出入场区消毒管理制度和岗位操作规程，明确对出入车辆和人员的控制、消毒措施和效果。

（2）评估要点 查阅车辆及人员出入管理制度。

（3）给分原则 建立了严格的车辆及人员出入场区消毒及管理制度，得 1 分；否则不得分。

37. 车辆及人员出入场区消毒管理制度执行良好并记录完整

（1）概述 对车辆及人员出入和消毒情况进行记录，记录内容参照 NY/T

2798 设置。

(2) 评估要点　查阅车辆及人员出入记录、现场观察。

(3) 给分原则　严格执行车辆及人员出入场区消毒管理制度并记录完整，得 1 分；执行不到位或记录不完整，得 0.5 分；否则不得分。

38. 生产区入口有有效的人员消毒、淋浴设施设备

(1) 概述　按照《动物防疫条件审查办法》、GB/T 16568、NY/T 2662、NY/T 2798、NY/T 5339、《奶牛标准化养殖生产技术规范》等要求，生产区入口处应设置更衣消毒室。消毒通道应有地面消毒和紫外线消毒。

(2) 评估要点　现场查看消毒、淋浴设施设备。

(3) 给分原则　生产区入口有人员消毒、洗澡设施设备，运行有效，得 1 分；生产区入口有人员消毒设施设备但不能完全满足消毒要求，得 0.5 分；否则不得分。

39. 有严格的人员进入生产区消毒及管理制度

(1) 概述　按照《动物防疫条件审查办法》、GB/T 16568、NY/T 2662、NY/T 2798、NY/T 5339、《奶牛标准化规模养殖生产技术规范》等要求制定人员进入生产区管理制度。明确本场职工、外来人员进入生产区的管理及消毒规程。按照 NY/T 2798、《奶牛标准化规模养殖生产技术规范》要求，应建立出入登记制度，非生产人员未经许可不得进入生产区，特殊情况需进入，按照 NY/T 5047 执行；人员进入生产区，应穿工作服经过消毒间，洗手消毒后方可入场并遵守场内防疫制度。

(2) 评估要点　查阅人员出入生产区消毒及管理制度。

(3) 给分原则　建立了人员出入生产区消毒及管理制度，得 1 分；否则不得分。

40. 人员进入生产区消毒及管理制度执行良好并记录完整

(1) 概述　对人员出入和消毒情况进行记录，记录内容参照 NY/T 2798 设置。

(2) 评估要点　查阅人员出入生产区记录。

(3) 给分原则　人员出入生产区消毒及管理制度执行良好并记录完整，得 1

分；执行不到位或者记录不完整，得 0.5 分；否则不得分。

41. 栋舍、生产区内部有定期消毒措施且执行良好

（1）概述　生产区内消毒是消灭病原、切断传播途径的有效手段，牛舍、周围环境、牛体、用具等消毒措施应符合 NY/T 5049、NY/T 5339、NY/T 2798 相关规定。

（2）评估要点　现场查看，并查阅相关消毒制度和岗位操作规程；查看相关记录。

（3）给分原则　有定期消毒制度和措施，执行良好且记录完整，得 1 分；执行不到位或记录不完整，得 0.5 分；否则不得分。

42. 有消毒剂配制和管理制度

（1）概述　科学合理地选择消毒剂种类和消毒方法可以更有效地杀灭病原微生物，养殖场消毒管理制度中应建立科学消毒方法、合理选择消毒剂、明确消毒剂配制和定期更换等措施。

（2）评估要点　查阅消毒剂配制和管理制度。

（3）给分原则　相关制度完整，得 0.5 分；否则不得分。

43. 消毒液定期更换，配制及更换记录完整

（1）概述　养殖场要严格执行本场制定的消毒剂配制和管理制度，必须定期更换消毒液，日常的消毒液配制及更换记录应详细完整。

（2）评估要点　查阅消毒剂配制和更换记录。

（3）给分原则　定期更换消毒液，有配制和更换记录，得 0.5 分；否则不得分。

（七）生产管理

44. 制定了投入品（含饲料、兽药、生物制品）管理使用制度，执行良好并记录完整

（1）概述　养殖场应按照《畜牧法》《中华人民共和国农产品质量安全法》《畜禽标识和养殖档案管理办法》《饲料和饲料添加剂管理条例》和《兽药管理条

例》等法律法规，建立投入品管理和使用制度，并严格执行。NY/T 2798 等规定：购进饲料及饲料添加剂，应符合《饲料卫生标准》（GB/T 13078）的规定及其产品质量标准，不得添加农业农村部公布的禁用物质；购进的牧草不得来自疫区；购进兽药应符合《中华人民共和国兽药典》等规定，不得添加农业农村部公告中禁止使用的药品和其他化合物。饲料和饲料添加剂的使用，应符合《无公害食品 畜禽饲料和饲料添加剂使用准则》（NY/T 5032）的规定；兽药的使用，应符合 NY/T 5030、《饲料药物添加剂使用规范》的规定。

（2）评估要点 查阅养殖场管理制度，是否涵盖饲料、兽药、生物制品管理使用制度；现场观察各项制度执行情况。

（3）给分原则 建立了投入品（含饲料、兽药、生物制品）使用制度并执行良好、记录完整，得 1 分；执行不到位或记录不完整，得 0.5 分；否则不得分。

45. 饲料、药物、疫苗等不同类型的投入品分类分开储藏，标识清晰

（1）概述 养殖场饲料、兽药、生物制品等不同类型的投入品应分类储存，防止污染和交叉污染。投入品储存按照 NY/T 2798 规定执行。饲料库和配料库中不同类型的饲料应分类存放，先进先出；添加兽药的饲料与其他饲料分开储藏；不同类别的兽药和生物制品按说明书规定分类储存；投入品储存状态标示清楚，有安全保护措施。

（2）评估要点 现场查看饲料、药物、疫苗等不同类型的投入品储藏状态和标识。

（3）给分原则 各类投入品按规定要求分类储藏，标识清晰，得 1 分；否则不得分。

46. 生产记录完整，有生长记录、发病治疗淘汰记录、日饲料消耗记录和饲料添加剂使用记录

（1）概述 生产档案既是《畜禽标识和养殖档案管理办法》和《种畜禽管理条例实施细则》要求的内容，也是规范化养殖场应具备的基础条件。养殖场应按照 NY/T 1569、NY/T 5049、NY/T 5339 规定，根据监控方案要求，做好生产过程各项记录，以提供符合要求和质量管理体系有效运行的证据。

（2）评估要点 查阅养殖场产奶记录、发病治疗淘汰记录、日饲料消耗记录和饲料添加剂、兽药使用记录等生产档案。

（3）给分原则 有产奶记录，得 0.5 分；有发病治疗淘汰记录，得 0.5 分；有日饲料消耗记录，得 0.5 分；有饲料添加剂、兽药使用记录，得 0.5 分；没有该项记录不得分。

47. 有健康巡查制度及记录

（1）概述 建立健康巡查制度能及时发现可疑现象并采取防控措施，将发病范围控制到最小，损失降到最低。按照 GB/T 16568 要求，奶牛场应定期按照《反刍动物产地检疫规程》要求，对牛群进行临床健康检查。按照 NY/T 2798 要求，应定期巡查奶牛和设备情况，发现异常及时处理。

（2）评估要点 查阅养殖场健康巡查制度及记录。

（3）给分原则 建立了健康巡查制度并执行良好、记录完整，得 2 分；执行不到位或者记录不完整，得 1 分。否则不得分。

48. 年流产率不高于 5%

（1）概述 流产率能够反映出养殖场饲养管理水平和疫病防控水平。

（2）评估要点 根据当年生产报表计算奶牛年流产率。

（3）给分原则 奶牛年流产率不高于 5%，得 1 分；否则不得分。

49. 开展 DHI 生产性能测定，结果符合要求

（1）概述 奶牛 DHI 测定可以对每头奶牛进行产奶量记录，乳成分分析以及体细胞计数等。通过 DHI 测试的数据分析，可以了解牛群的饲养管理水平和生鲜乳质量水平。

（2）评估要点 现场查阅 DHI 测定记录，重点查看体细胞计数以掌握乳房炎感染情况。

（3）给分原则 开展 DHI 测定，体细胞检测结果符合要求，得 1 分；开展 DHI 测定，生乳体细胞检测结果不符合要求，得 0.5 分；未进行 DHI 测定不得分。

50. 建立奶牛饲养管理、卫生保健技术规范，执行良好并记录完整

（1）概述 养殖场应在奶牛不同的生长阶段设定相应的日粮标准、防疫规范、驱虫计划等。按照 NY/T 2662 要求，奶牛场根据奶牛不同生长和泌乳阶段，

制订饲养规范，应有预防、治疗常规疫病的规程，即卫生保健技术规程。NY/T 5049 规定，奶牛不同生长时期和生理阶段至少应达到《奶牛营养需要和饲养标准》（第二版）要求，可参考使用地方奶牛饲养规范。《奶牛标准化规模养殖生产技术规范》要求，奶牛保健至少应包括乳房卫生保健、蹄部卫生保健、营养代谢病监控、兽药及保健品使用准则等。

（2）评估要点　现场查阅相关技术规程及记录。

（3）给分原则　建立了奶牛饲养管理、卫生保健技术规程，记录完整，得 1 分；否则不得分。

51. 挤奶厅卫生控制符合要求，生鲜乳卫生检测记录完整

（1）概述　挤奶厅卫生控制是生鲜乳质量保证的关键环节。养殖场挤奶操作制度应符合农业农村部规定；挤奶操作应符合 NY/T 2798、NY/T 2662 规定。按照 NY/T 5049 要求，牛奶出场前先自检，不合格者不出场。NY/T 2798 规定，养殖场应设立生鲜乳化验室，按照《食品安全国家标准　生乳》（GB/T 19301）要求，开展乳成分分析和卫生检测工作。

（2）评估要点　现场检查挤奶厅设施设备、挤奶操作过程。挤奶厅功能布局和设施设备不应对生鲜乳生产产生污染；设施设备按规定清洗消毒；挤奶前后乳头两次药浴，挤奶前应观察乳房是否有异常情况并擦干乳头，一牛一巾；前三把奶挤入专用容器观察是否异常；患病奶牛和产犊 7d 内的奶牛应单独挤奶，有分类处理措施。

现场查阅相关制度，生鲜乳检测资料（DHI 检测报告、收购加工企业检测合格报告、自检资料）。

（3）给分原则　挤奶操作制度健全，执行规范，生鲜乳卫生检测资料翔实、记录完整，得 1 分；否则不得分。

（八）防疫管理

52. 卫生防疫制度健全，有传染病应急预案

（1）概述　《动物防疫法》规定，动物饲养场应有完善的动物防疫制度。《动物防疫条件审查办法》、NY/T 1569 规定，养殖场应建立卫生防疫制度。养殖场应根据动物防疫制度要求建立完善相关岗位操作规程，按照操作规程的要求

建立档案记录。同时，养殖场应按照 NY/T 5339、NY/T 2662、NY/T 2798 有关要求，建立突发传染病应急预案，本场或本地发生疫情时做好应急处置。

（2）评估要点 现场查阅卫生防疫管理制度。查看制度、岗位操作规程、相关记录是否能够互相印证，并证明质量管理体系的有效运行。现场查阅传染病应急预案。

（3）给分原则 卫生防疫制度健全，岗位操作规程完善，相关档案记录能证明各项防疫工作有效实施；有传染病应急预案，得 1 分；有相关制度但不完善，得 0.5 分；既无制度或制度不受控，又无传染病应急预案，不得分。

53. 有独立兽医室

（1）概述 养殖场应按照《动物防疫条件审查办法》、GB/T 16568、NY/T 682、NY/T 2662、《奶牛标准化规模养殖生产技术规范》要求，设置独立的兽医工作场所，开展常规动物疫病检查诊断和检测。

（2）评估要点 现场查看是否设置独立的兽医室，并符合本释义第 11、16 条的规定。

（3）给分原则 有独立兽医室，得 1 分；否则不得分。

54. 兽医室具备正常开展临床诊疗和采样条件

（1）概述 按照《动物防疫条件审查办法》、NY/T 2662 要求，兽医室需配备疫苗储存、消毒和诊疗设备，具备开展常规动物疫病诊疗和采样的条件。鼓励有条件的养殖场建设完善的兽医实验室，为本场开展疫病净化监测提供便利条件。

（2）评估要点 现场查看实验室是否具备正常开展临床诊疗和采样工作的设施设备。

（3）给分原则 兽医室具有相应设施设备，能正常开展血清/病原样品采样工作，具备开展听诊、触诊等基本临床检查和诊疗工作的条件，得 1 分；否则不得分。

55. 兽医诊疗与用药记录完整

（1）概述 养殖场应按照 NY/T 1569、NY/T 5030、NY/T 5049、NY/T 5339 规定，完善诊疗和兽药使用记录。记录内容应不少于 NY/T 2798 所列各项。

（2）评估要点　查阅至少近3年以来的兽医诊疗与用药记录；养殖场建场不足3年的，要查阅建场以来所有的兽医诊疗与用药记录。

（3）给分原则　有完整的3年及以上兽医诊疗与用药记录，得1分；有兽医诊疗与用药记录但未完整记录或保存不足3年，得0.5分；否则不得分。

56. 有完整的病死动物剖检记录

（1）概述　对病死牛进行剖检须记录当时状况和剖检结果等信息，便于分析和追溯养殖场疫病流行情况。参照本释义第31条。

（2）评估要点　查阅病死动物剖检记录。

（3）给分原则　有病死动物剖检记录且记录完整，得1分；否则不得分。

57. 有乳房炎、蹄病等治疗和处理方案

（1）概述　奶牛乳房炎和蹄病是奶牛生产中的常见病，严重影响奶牛生产。奶牛场应按照NY/T 5047、NY/T 5049、NY/T 2662、NY/T 2798规定，根据本场卫生防疫制度和奶牛卫生保健技术规程，建立奶牛乳房炎、蹄病等疫病治疗和处理方案。

（2）评估要点　查阅奶牛乳房炎、蹄病等疫病治疗和处理方案。查阅相关档案记录。

（3）给分原则　有奶牛乳房炎治疗和处理方案，记录完整，得0.5分；有蹄病治疗和处理方案，记录完整，得0.5分；否则不得分。

58. 有非正常生鲜乳处理规定，有抗生素使用隔离和解除制度，且记录完整

（1）概述　按照《奶牛标准化规模养殖生产技术规范》、NY/T 2798、GB/T 16568规定，奶牛场应按照要求进行非正常生鲜乳处理以及抗生素的使用隔离和解除。

（2）评估要点　查阅非正常生鲜乳处理规定、抗生素使用隔离和解除制度，查阅相关记录。

（3）给分原则　有非正常生鲜乳处理规定，且记录完整，得1分；有抗生素使用隔离和解除制度，且记录完整，得1分；否则不得分。

59. 对流产牛进行隔离并开展布鲁氏菌病检测

（1）概述　布鲁氏菌病是一种严重危害牛场的人兽共患病，患病牛以流产为主要症状，布鲁氏菌病净化场一旦发现奶牛流产等布鲁氏菌病类似症状，应按照《布鲁氏菌病防治技术规范》要求，对奶牛隔离观察并开展检测。

（2）评估要点　查阅流产奶牛的布鲁氏菌病检测记录。

（3）给分原则　对流产奶牛的隔离，布鲁氏菌病检测记录完整，得1分；记录不完整，得0.5分；否则不得分。

60. 有动物发病记录、阶段性疫病流行记录或定期牛群健康状态分析总结

（1）概述　全面记录分析、总结养殖场内动物发病、阶段性疫病流行或定期牛群健康状态，可掌握养殖场内疫病流行形势，有利于疫病的综合防控。按照NY/T 1569要求，养殖场应该建立对生产过程的监控方案，同时建立内部审核制度。养殖场应定期分析、总结生产过程中各项制度、规程及牛群健康状况。按照NY/T 5047要求，每群奶牛都应有相关资料记录。按照NY/T 5047、NY/T 5339要求，动物群体相关记录具体内容包括畜种及来源、生产性能、饲料来源及消耗、兽药使用及免疫、日常消毒、发病情况、实验室检测及结果、死亡率及死亡原因、无害化处理情况等。按照NY/T 1569、NY/T 2798规定的填写内容要求，牛群发病记录与养殖场诊疗记录可合并；阶段性疫病流行或定期牛群健康状态分析可结合周期性内审或年度工作报告一并进行。

（2）评估要点　查阅养殖场动物发病记录、阶段性疫病流行记录或牛群健康状态分析总结。

（3）给分原则　有相应的记录和分析总结，得1分；否则不得分。

61. 制订了口蹄疫等疫病科学合理的免疫程序，执行良好并记录完整

（1）概述　科学的免疫程序是疫病防控的重要环节，防疫档案既是《畜禽标识和养殖档案管理办法》要求的内容，也是养殖场开展疫病净化应具备的基础条件。养殖场应按照《动物防疫法》及其配套法规要求，结合本地实际，建立本场免疫制度，制订免疫计划，按照NY/T 5047、NY/T 5339、《奶牛标准化规模养殖生产技术规范》要求，确定免疫程序和免疫方法，采购的疫苗应符合《兽用生

物制品质量标准》，免疫操作按照《动物免疫接种技术规范》（NY/T 1952）执行。

（2）评估要点　查阅养殖场免疫制度、计划、免疫程序；查阅近3年免疫记录。

（3）给分原则　免疫程序科学合理，免疫档案记录完整，得1分；免疫程序不合理或档案不完整，得0.5分；否则不得分。

（九）种源管理

62. 建立了科学合理的引种管理制度

（1）概述　养殖场应建立引种管理制度规范引种行为。引种申报及隔离符合GB/T 16568、NY/T 5049、NY/T 5339、NY/T 2798规定。引进的活体动物、精液和胚胎实施分类管理，从购买、隔离、检测、混群等方面应做出详细规定。

（2）评估要点　现场查阅养殖场的引种管理制度。

（3）给分原则　建立了科学合理的引种管理制度，得1分；否则不得分。

63. 引种管理制度执行良好并记录完整

（1）概述　为从源头控制疫病的传入风险，应严格执行引种管理制度，并完整记录引种相关各项工作，保证记录的可追溯性。

（2）评估要点　现场查阅养殖场的引种记录。

（3）给分原则　严格执行引种管理制度且记录规范完整，得1分；否则不得分。

64. 引入奶牛、精液、胚胎，证明（动物检疫合格证明、种畜禽合格证、系谱证）齐全

（1）概述　按照GB/T 16568、NY/T 5049、NY/T 5339、NY/T 2798关于奶牛引种的要求，养殖场应提供相关资料及证明：输出地为非疫区；省内调运奶牛或种牛的，输出地县级动物卫生监督机构按照《反刍动物产地检疫规程》检疫合格；跨省调运须经输入地省级动物卫生监督机构审批，按照《跨省调运乳用种用动物产地检疫规程》检疫合格；运输工具需彻底清洗消毒，持有动物及动物产品运载工具消毒证明；输出方应提供的相关经营资质材料；国外引进种牛或奶

牛、胚胎或精液的，应持国务院畜牧兽医行政主管部门签发的审批意见及进出口相关管理部门的检测报告。

（2）评估要点　查阅种牛供应单位相关资质材料复印件；查阅外购种牛/奶牛、精液、胚胎供体的种畜禽合格证、系谱证；查阅调运相关申报程序文件资料；查阅输出地动物卫生监督机构出具的动物检疫合格证明、运输工具消毒证明或进出口相关管理部门出具的检测报告；查阅输入地动物卫生监督机构解除隔离时的检疫合格证明或资料。

（3）给分原则　满足上述所有条件，得1分；否则不得分。

65. 引入奶牛或种牛，有隔离观察记录

（1）概述　按照 NY/T 2798 要求，奶牛引进后，隔离观察至少 45d，经当地动物卫生监督机构检查确定健康合格后，方可并群饲养。

（2）评估要点　查阅引入奶牛或种牛的隔离观察记录。

（3）给分原则　有引入奶牛或种牛的隔离观察记录，得1分；否则不得分。

66. ＊留用精液/供体牛，有抽检检测报告结果：口蹄疫病原检测阴性

（1）概述　引入精液，应符合《牛冷冻精液》（GB/T 4134）规定；同时，净化场需提供本批精液或供体牛相关资质证明资料及口蹄疫病原学检测报告。

（2）评估要点　查阅留用精液/供体牛的相关资质证明资料及口蹄疫实验室检测报告。

（3）给分原则　有口蹄疫病原检测报告并且结果全为阴性，得1分；否则不得分。

67. ＊留用精液/供体牛，抽检检测报告结果：布鲁氏菌病检测阴性

（1）概述　引入精液，应符合 GB/T 4143 规定；同时，净化场需提供本批精液或供体牛相关资质证明资料及布鲁氏菌病检测报告。

（2）评估要点　查阅留用种牛/精液的实验室检测报告。

（3）给分原则　有布鲁氏菌病抗体检测报告并且结果全为阴性，得1分；否则不得分。

68. ∗ 留用精液/供体牛，抽检检测报告结果：结核病检测阴性

（1）概述 引入精液，应符合 GB/T 4143 规定；同时，净化场需提供本批精液或供体牛相关资质证明资料及结核病检测报告。

（2）评估要点 查阅留用种牛/精液的实验室检测报告。

（3）给分原则 有结核病检测报告并且结果全为阴性，得 1 分；否则不得分。

69. 有近 3 年完整的奶牛销售记录

（1）概述 按照 GB/T 16568 要求，养殖场应逐头建立奶牛健康档案，如实记录奶牛健康情况、用药情况、免疫情况、监测情况等。按照 NY/T 5049 要求，牛只个体记录包括繁殖记录、兽医记录、育种记录、生产记录、病死牛应做好淘汰记录，出售牛只应将抄写副本随牛带走，保存好原始记录，牛只个体记录应长期保存。奶牛转出养殖场或出售，应对应个体记录建立销售记录，以便追溯。

（2）评估要点 查阅近 3 年奶牛销售记录。

（3）给分原则 有近 3 年奶牛销售记录，清晰完整且与个体记录互相印证，得 1 分；销售记录不满 3 年或记录不完整，得 0.5 分；无奶牛销售记录不得分。

70. 本场供给种牛/精液有口蹄疫、布鲁氏菌病、牛结核病抽检记录

（1）概述 对销售的种牛、胚胎或精液进行疫病抽检能保证产品质量，提高销售者的责任意识。

（2）评估要点 查阅本场销售种牛、胚胎供体牛疫病抽检记录。

（3）给分原则 有销售种牛、胚胎供体牛的口蹄疫、布鲁氏菌病、牛结核病抽检记录，得 1 分；无种奶牛/牛出售的，按不适用项给分；否则不得分。

（十）监测净化

71. 有布鲁氏菌病年度（或更短周期）监测方案并切实可行

72. 有结核病年度（或更短周期）监测方案并切实可行

73. 有口蹄疫年度（或更短周期）监测方案并切实可行

（1）概述　布鲁氏菌病、结核病、口蹄疫是牛场重点监测净化的动物疫病。有计划、科学合理地开展主要动物疫病的监测工作，是疫病防控、净化的基础，是保持动物群体健康状态的关键。按照《乳品质量安全监督管理条例》要求，奶畜养殖者应当确保奶畜符合国务院畜牧兽医主管部门规定的健康标准。按照农业农村部《乳用动物健康标准》要求，当地动物疫病预防控制机构应该按照国家监测计划，对口蹄疫、牛瘟、牛肺疫、炭疽、结核病、布鲁氏菌病进行监测，结果符合规定要求。按照 NY/T 5047、NY/T 5339 要求，养殖场应制订疫病监测方案并实施，常规监测的疫病至少应包括口蹄疫、炭疽、蓝舌病、结核病、布鲁氏菌病、牛白血病。养殖场应接受并配合当地动物防疫机构进行定期不定期的疫病监测抽查、普查、监测等工作。

（2）评估要点　查阅近 1 年养殖场布鲁氏菌病、结核病、口蹄疫监测方案，包括不同群体的免疫抗体水平和病原感染状况；评估监测方案是否符合本地、本场实际情况。

（3）给分原则

71 条：有布鲁氏菌病年度监测方案并切实可行，得 1 分；有监测方案但缺乏可行性，得 0.5 分；没有布鲁氏菌病年度监测方案，不得分。

72 条：有结核病年度监测方案并切实可行，得 1 分；有监测方案但缺乏可行性，得 0.5 分；没有结核病年度监测方案，不得分。

73 条：有口蹄疫年度监测方案并切实可行，得 1 分；有监测方案但缺乏可行性，得 0.5 分；没有口蹄疫年度监测方案，不得分。

74. ＊检测记录能追溯到相关动物的唯一性标识（如耳标号）

（1）概述　养殖场按照《畜禽标识和畜禽档案管理办法》规定对奶牛加以标识。按照 NY/T 2798 要求建立奶牛唯一识别码和有效运行的追溯制度，确保所有奶牛能被单独识别。

（2）评估要点　抽查检测记录，现场查看是否能追溯到每一头奶牛及后备牛群。

（3）给分原则　检测记录具有可追溯性且所有样品均可溯源，得 3 分；部分检测样品不能溯源，得 1 分；检测记录不能够溯源到牛群的唯一性标识，不得分。

75. ＊根据监测方案开展监测，且监测报告保存 3 年以上

（1）概述　养殖场应按照 NY/T 5339、NY/T 5047、NY/T 2662 要求，按照监测计划开展监测，并将结果及时报告当地兽医行政主管部门。

（2）评估要点　查阅近 3 年监测计划及近 3 年监测报告（建场不足 3 年，查阅自建场之日起的资料）。

（3）给分原则　按照监测方案所要求的检测频率、检测数量、动物养殖阶段、检测病种、检测项目开展监测，监测报告保存 3 年以上的，得 3 分；监测报告保存期不足 3 年的，少 1 年扣 1 分；监测报告与监测方案差距较大的，不得分。

76. ＊开展过主要动物疫病净化工作，有布鲁氏菌病/结核病/口蹄疫净化方案

（1）概述　按照 NY/T 2798、NY/T 2662 要求，养殖场应配合当地畜牧兽医部门，对结核病、布鲁氏菌病进行定期监测和净化，有监测记录和处理记录。净化场应根据监测结果，制订科学合理的净化方案，逐步净化疫病。

（2）评估要点　查阅布鲁氏菌病/结核病/口蹄疫净化方案。

（3）给分原则　有以上任一病种的净化方案，得 1 分；否则不得分。

77. ＊净化方案符合本场实际情况，切实可行

（1）概述　净化方案应根据本场实际情况制订，科学合理，具有可操作性。

（2）评估要点　评估布鲁氏菌病/结核病/口蹄疫净化方案是否符合本场实际情况，是否具有可行性。

（3）给分原则　净化方案符合本场实际情况并切实可行，得 2 分；净化方案与本场情况较切合，需要进一步完善，得 1 分；净化方案在本场不具备操作性，不得分。

78. ＊有 3 年以上的净化工作实施记录，保存 3 年以上

（1）概述　对净化工作实施情况进行全面的记录和保存，是提高养殖场疫病防控、净化综合管理能力的有效手段。

（2）评估要点　查阅布鲁氏菌病/结核病/口蹄疫净化实施记录。

（3）给分原则　有以上任一病种的净化实施记录并保存 3 年以上，得 1.5 分；缺少 1 年，扣 0.5 分，扣完为止。

79. 有定期净化效果评估和分析报告（生产性能、流产率、阳性率等）

（1）概述　应严格按照制订的净化方案实施净化，并对净化效果定期进行评估和分析。

（2）评估要点　查阅近 3 年净化效果评估分析报告。

（3）给分原则　有近 3 年净化效果评估分析报告，能够反映出本场净化工作进展的，得 1.5 分；评估分析报告不足 3 年或报告不完善的，得 0.5 分；否则不得分。

80. 实际检测数量与应检测数量基本一致，检测试剂购置数量或委托检测凭证与检测量相符

（1）概述　持续监测是养殖场开展疫病净化的基础，实际检测数量与应检测数量基本一致，检测试剂购置数量或委托检测凭证与检测量相符。

（2）评估要点　查阅养殖场检测试剂购置或委托检测凭证，并核实是否与应检测量相符。

（3）给分原则　有检测试剂购置或委托检测凭证且与应检测量相符，得 2 分；有检测试剂购置或委托检测凭证但与应检测量不相符，得 1 分；无检测试剂购置或委托检测凭证不得分。

（十一）健康状况

具有近 1 年内有资质的兽医实验室（即通过农业农村部实验室考核、通过实验室资质认定或 CNAS 认可的兽医实验室）监督检验报告（每次抽检头数不少于 30 头）并且结果符合：

81. ＊♯口蹄疫净化示范场：符合净化评估标准；创建场及其他病种示范场：口蹄疫免疫抗体合格率≥80%

（1）概述　口蹄疫免疫抗体水平和病原学阳性率是评估口蹄疫净化效果的重要参考。具体检测方法参见奶牛场/种牛场口蹄疫净化评估标准。

（2）评估要点　查阅近 1 年监测报告，计算相应指标。

（3）给分原则　口蹄疫净化示范场：检测报告为近1年内有资质的兽医实验室出具，每次抽检头数≥30，每次检测结果均符合口蹄疫净化评估标准，得5分；否则不得分。

主要净化评估病种为口蹄疫的创建场：检测报告为近1年内有资质的兽医实验室出具，每次抽检头数≥30，每次检测结果口蹄疫免疫抗体合格率≥80%，得5分；检测报告为非有资质兽医实验室出具，扣2分，单次抽检头数不足30头，扣1分；任何一次检测结果口蹄疫免疫抗体合格率<80%，扣2分；否则不得分。

其他病种示范场及创建场：检测报告为近1年内有资质的兽医实验室出具，每次抽检头数≥30，每次检测结果口蹄疫免疫抗体合格率≥80%，得1分；以上任一条件不满足，不得分。

82. ＊＃布鲁氏菌病净化示范场：符合净化评估标准；创建场及其他病种示范场：布鲁氏菌病阳性检出率≤0.5%

（1）概述　布鲁氏菌病阳性检出率是评估布鲁氏菌病净化效果的重要参考，具体检测方法参见奶牛场/种牛场布鲁氏菌病净化评估标准。

（2）评估要点　查阅近1年监测报告，计算相应指标。

（3）给分原则　布鲁氏菌病净化示范场：检测报告为近1年内有资质的兽医实验室出具，每次抽检头数≥30，每次检测结果均符合布鲁氏菌病净化评估标准，得5分；否则不得分。

主要净化评估病种为布鲁氏菌病的创建场：检测报告为近1年内有资质的兽医实验室出具，每次抽检头数≥30，每次检测结果布鲁氏菌病阳性检出率≤0.5%，得5分；检测报告为非有资质兽医实验室出具，扣2分；单次抽检头数不足30头，扣1分；任何一次检测结果布鲁氏菌病阳性检出率>0.5%，扣2分；否则不得分。

其他病种示范场及创建场：检测报告为近1年内有资质的兽医实验室出具，每次抽检头数≥30，每次检测结果布鲁氏菌病阳性检出率≤0.5%，得1分；以上任一条件不满足，不得分。

83. ＊＃结核病净化示范场：符合净化评估标准；创建场及其他病种示范场：结核病阳性检出率≤0.5%

（1）概述　结核病阳性检出率是评估结核病净化效果的重要参考，具体检测方法参见奶牛场/种牛场结核病净化评估标准。

（2）评估要点　查阅近1年监测报告，计算相应指标。

（3）给分原则　结核病净化示范场：检测报告结果为近1年内有资质的兽医实验室出具，每次抽检头数≥30，每次检测结果均符合结核病净化评估标准，得5分；否则不得分。

主要净化评估病种为结核病的创建场：检测报告为近1年内有资质的兽医实验室出具，每次抽检头数≥30，每次检测结果结核病阳性检出率≤0.5%，得5分；检测报告为非有资质兽医实验室出具，扣2分；单次抽检头数不足30头，扣1分；任何一次检测结果结核病阳性检出率＞0.5%，扣2分；否则不得分。

其他病种示范场及创建场：检测报告为近1年内有资质的兽医实验室出具，每次抽检头数≥30，每次检测结果结核病阳性检出率≤0.5%，得1分；以上任一条件不满足，不得分。

三、现场评估结果

净化示范场总分不低于90分，且关键项（＊项）全部满分，为现场评估通过。净化创建场总分不低于80分，为现场评估通过。

"♯"表示申报评估的病种该项分值为5分，其余病种为1分。

四、附录

附　录　A

（国家法律法规）

《中华人民共和国畜牧法》

《中华人民共和国动物防疫法》

《中华人民共和国农产品质量安全法》

附　录　B

（国家标准）

GB/T 16568—2006　　奶牛场卫生规范

GB/T 16567—1996　　种畜禽调运检疫技术规范

GB/T 7959—2012　　　　粪便无害化卫生要求

GB/T 18877—2009　　　有机-无机复混肥料

GB/T 18596—2001　　　畜禽养殖业污染物排放标准

GB/T 5084—2005　　　　农田灌溉水质标准

GB/T 5749—2006　　　　生活饮用水卫生标准

GB/T 16569—1996　　　畜禽产品消毒规范

GB/T 13078—2001　　　饲料卫生标准

GB/T 19301—2010　　　食品安全国家标准　生乳

GB/T 4143—2008　　　　牛冷冻精液

附　录　C

（农业行业标准）

NY/T 1569—2007　　　畜禽养殖场质量管理体系建设通则

NY/T 5047—2001　　　无公害食品　奶牛饲养兽医防疫准则

NY/T 2662—2014　　　标准化养殖场　奶牛

NY/T 2798—2015　　　无公害农产品　生产质量安全控制技术规范

NY/T 5339—2006　　　无公害食品　畜禽饲养兽医防疫准则

NY/T 682—2003　　　　畜禽场场区设计技术规范

NYJ/T 01—2005　　　　种牛场建设标准

NY/T 5049—2001　　　无公害食品　奶牛饲养管理准则

NY/T 2362—2013　　　生乳贮运技术规范

NY/T 1567—2007　　　标准化奶牛场建设规范

NY/T 1169—2006　　　畜禽场环境污染控制技术规范

NY/T 388—1999　　　　畜禽场环境质量标准

NY/T 1168—2006　　　畜禽粪便无害化处理技术规范

NY/T 1334—2007　　　畜禽粪便安全使用准则

NY/T 525—2012　　　　有机肥料

NY/T 5027—2008　　　无公害食品　畜禽饮用水水质

NY/T 1167—2006　　　畜禽场环境质量及卫生控制规范

NY/T 5030—2016　　　无公害农产品　兽药使用准则

NY/T 5032—2006　　　无公害食品　畜禽饲料和饲料添加剂使用准则

NY/T 1952—2010　　　动物免疫接种技术规范

附　录　D

（农业农村部下发相关文件）

《畜禽标识和养殖档案管理办法》

《动物防疫条件审查办法》

《种畜禽管理条例》

《畜禽规模养殖污染防治条例》

《兽用处方药和非处方药管理办法》

《执业兽医管理办法》

《奶牛标准化规模养殖生产技术规范》

《病死及病害动物无害化处理技术规范》

《饲料和饲料添加剂管理条例》

《兽药管理条例》

《中华人民共和国兽药典》

《饲料药物添加剂使用规范》

《种畜禽管理条例实施细则》

《反刍动物产地检疫规程》

《奶牛营养需要和饲养标准》（第二版）

《布鲁氏菌病防治技术规范》

《兽用生物制品质量标准》

《跨省调运乳用种用动物产地检疫规程》

《乳品质量安全监督管理条例》

《乳用动物健康标准》

第四章

种羊场主要疫病
净化评估标准及
释义

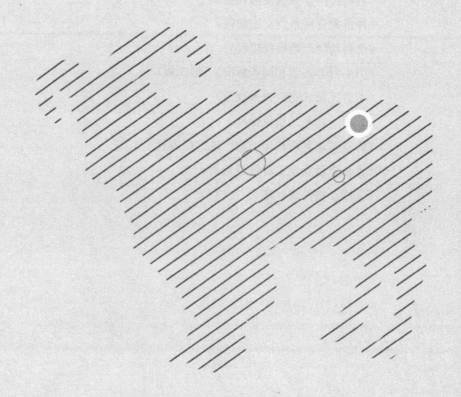

第一节　净化评估标准

一、口蹄疫

(一) 净化评估标准

同时满足以下要求，视为达到**免疫无疫标准**：

（1）种羊群抽检，应免口蹄疫免疫抗体合格率 85% 以上。

（2）种羊群抽检，口蹄疫病原学检测阴性。

（3）连续 2 年以上无临床病例。

（4）现场综合审查通过。

(二) 抽样检测

具体抽样检测要求见表 4-1。

表 4-1　免疫无疫评估实验室检测要求

检测项目	检测方法	抽样种群	抽样数量	样本类型
病原学检测	PCR	种羊	按照证明无疫公式计算（CL＝95%，P＝3%）；随机抽样，覆盖不同栋羊群	O-P 液
抗体检测	ELISA	种羊	按照预估期望值公式计算（CL＝95%，P＝85%，e＝10%）；随机抽样，覆盖不同栋羊群	血清

二、布鲁氏菌病

(一) 净化评估标准

同时满足以下要求，视为达到**净化标准**：

（1）种羊群抽检，布鲁氏菌抗体检测阴性。

（2）连续 2 年以上无临床病例。

（3）现场综合审查通过。

（二）抽样检测

具体抽样检测要求见表 4-2。

表 4-2　净化评估实验室检测要求

检测项目	检测方法	抽样种群	抽样数量	样本类型
抗体检测	虎红平板凝集试验初筛及试管凝集试验确诊（或 C-ELISA 试验确诊）	种羊	按照证明无疫公式计算（CL＝95％，P＝3％）；随机抽样，覆盖不同栋羊群	血清

第二节　现场综合审查评分表

现场综合审查评分表见表 4-3。

表 4-3　现场综合审查评分表

类别	编号	具体内容及评分标准	关键项	分值
必备条件	Ⅰ	土地使用符合相关法律法规与区域内土地使用规划，场址选择符合《中华人民共和国畜牧法》和《中华人民共和国动物防疫法》有关规定		必备条件
	Ⅱ	具有县级以上畜牧兽医主管部门备案登记证明，并按照农业农村部《畜禽标识和养殖档案管理办法》要求，建立养殖档案		
	Ⅲ	具有县级以上畜牧兽医主管部门颁发的动物防疫条件合格证，2 年内无重大动物疫病和产品质量安全事件发生记录		
	Ⅳ	种畜禽养殖企业具有县级以上畜牧兽医主管部门颁发的种畜禽生产经营许可证		
	Ⅴ	有病死动物和粪污无害化处理设施设备，或有效措施		
	Ⅵ	种羊场存栏 500 只以上（地方保种场除外）		
人员管理 5 分	1	有净化工作组织团队和明确的责任分工		1
	2	全面负责疫病防治工作的技术负责人从事养羊业 3 年以上		1
	3	建立了合理的员工培训制度和培训计划		0.5
	4	有完整的员工培训考核记录		0.5
	5	从业人员有（有关布鲁氏菌病）健康证明		1
	6	有 1 名以上本场专职兽医技术人员获得执业兽医资格证书		1

（续）

类别	编号	具体内容及评分标准	关键项	分值
结构布局10分	7	场区位置独立，与主要交通干道、居民生活区、屠宰厂（场）、交易市场有效隔离		2
	8	场区周围有有效防疫隔离带		0.5
	9	养殖场防疫标识明显（有防疫警示标语、标牌）		0.5
	10	办公区、生产区、生活区、粪污处理区和无害化处理区完全分开且相距50m以上		2
	11	生产区内种羊、母羊、羔羊、育成（育肥）羊分开饲养或有相应羊舍		2
	12	有专用分娩舍或栋舍内有专用分娩栏		1
	13	净道与污道分开		2
栏舍设置9分	14	有封闭式、半开放式或开放式羊舍		1
	15	有独立的后备羊专用舍或隔离栏舍		1
	16	有相对隔离的病羊专用隔离治疗舍		2
	17	有预售种羊观察舍或设施设备		1
	18	羊舍通风、换气和温控等设施设备运转良好		1
	19	羊舍内有专用饲槽，有运动场且运动场有补饲槽		1
	20	有配套饲草料加工机具		1
	21	有与养殖规模相适应的青贮设施及设备和干草棚		1
卫生环保5分	22	场区卫生状况良好，垃圾及时处理，无杂物堆放		1
	23	生产区具备有效的防鼠、防虫媒、防犬猫进入的设施设备或措施		1
	24	场区禁养其他动物，并防止周围其他动物进入场区		1
	25	粪便及时清理、转运，存放地点有防雨、防渗漏、防溢流措施		1
	26	水质检测符合人畜饮水卫生标准		0.5
	27	具有县级以上环保行政主管部门的环评验收报告或许可		0.5
无害化处理10分	28	粪污的无害化处理符合生物安全要求		1
	29	病死动物剖检场所符合生物安全要求		1
	30	建立了病死羊无害化处理制度		1
	31	病死羊无害化处理设施设备或措施运转有效并符合生物安全要求		1
	32	有完整的病死羊无害化处理记录并具有可追溯性		1
	33	无害化记录保存3年以上		1
	34	按国家规定处置布鲁氏菌病等监测阳性动物，并记录完整		2
	35	对流产物实施无害化处理，并记录完整		2
消毒管理12分	36	有完善的消毒管理制度		1
	37	场区入口有有效的车辆消毒池和覆盖全车的消毒设施设备		1
	38	场区入口有有效的人员消毒设施设备		1
	39	有严格的车辆及人员出入场区消毒及管理制度		1
	40	车辆及人员出入场区消毒管理制度执行良好并记录完整		1
	41	生产区入口有有效的人员消毒设备、设施		1
	42	有严格的人员进入生产区消毒及管理制度		1
	43	人员进入生产区消毒及管理制度执行良好并记录完整		1
	44	每栋羊舍（棚圈）有消毒器材或设施设备，有专用药浴设备或设施		1
	45	栋舍、生产区内部有定期消毒措施且执行良好		1
	46	有羊分娩后消毒措施，执行良好		1
	47	有消毒剂配制和管理制度		0.5
	48	消毒液定期更换，配置及更换记录完整		0.5

（续）

类别	编号	具体内容及评分标准	关键项	分值
生产管理8分	49	制定了投入品（含饲料、兽药、生物制品）管理使用制度，执行良好并记录完整		1
	50	有饲料库，并且饲料与药物、疫苗等不同类型投入品分类储藏		1
	51	生产记录完整，有生长记录、发病治疗淘汰记录、日饲料消耗记录和饲料添加剂使用记录		2
	52	有健康巡查制度及记录		2
	53	年流产率不高于 5%		2
防疫管理10分	54	卫生防疫制度健全，有传染病应急预案		1
	55	有独立兽医室		1
	56	兽医室具备正常开展临床诊疗和采样条件		1
	57	兽医诊疗与用药记录完整		1
	58	有完整的病死动物剖检记录		1
	59	有预防、治疗羊常见病的规程或方案		1
	60	对流产羊进行隔离并开展布鲁氏菌病检测		2
	61	有动物发病记录、阶段性疫病流行记录或定期羊群健康状态分析总结		1
	62	制定了口蹄疫等疫病科学合理的免疫程序，执行良好并记录完整		1
种源管理9分	63	建立了科学合理的引种管理制度		1
	64	引种管理制度执行良好并记录完整		1
	65	购进精液、胚胎、引种来源于有种畜禽生产经营许可证的单位或符合相关规定国外进口的种羊、胚胎或精液		1
	66	引入种羊、精液、胚胎，证件（动物检疫合格证明、种畜禽合格证、系谱证）齐全		1
	67	引入动物应有隔离观察记录		1
	68	留用种羊/精液，有抽检检测报告结果：口蹄疫病原检测阴性	*	1
	69	留用种羊/精液，抽检检测报告结果：布鲁氏菌病检测阴性	*	1
	70	有近 3 年完整的种羊销售记录		1
	71	本场销售种羊、胚胎或精液有疫病抽检记录，并附具完整的系谱及种畜合格证、动物检疫合格证明		1
监测净化16分	72	有布鲁氏菌病年度（或更短周期）监测方案并切实可行		1
	73	有口蹄疫年度（或更短周期）监测方案并切实可行		1
	74	检测记录能追溯到相关动物的唯一性标识（如耳标号）	*	3
	75	根据监测计划开展监测，且监测报告保存 3 年以上	*	3
	76	开展过主要动物疫病净化工作，有布鲁氏菌病/口蹄疫/羊痘净化方案	*	1
	77	净化方案符合本场实际情况，切实可行	*	2

（续）

类别	编号	具体内容及评分标准	关键项	分值
监测净化16分	78	有3年以上的净化工作实施记录，记录保存3年以上	*	1.5
	79	有定期净化效果评估和分析报告（生产性能、流产率、阳性率等）		1.5
	80	实际检测数量与应检测数量基本一致，检测试剂购置数量或委托检测凭证与检测量相符		2
场群健康6分	81	口蹄疫净化示范场：符合净化评估标准；创建场及其他病种示范场：口蹄疫免疫抗体合格率≥70%	*	1/5♯
	82	布鲁氏菌病净化示范场：符合净化评估标准；创建场及其他病种示范场：布鲁氏菌病阳性检出率≤0.5%	*	1/5♯
总　分				100

注：1.“＊”表示此项为关键项，净化示范场总分不低于90分，且关键项全部满分，为现场评估通过。净化创建场总分不低于80分，为现场评估通过。

2.“♯”表示申报评估的病种该项分值为5分，其余病种为1分。

第三节　现场综合审查要素释义

一、必备条件

该部分条款，作为规模化种羊场主要动物疫病净化场入围的基本条件，其中任意一项不符合条件，不予入围。

Ⅰ　土地使用符合相关法律法规与区域内土地使用规划，场址选择符合《中华人民共和国畜牧法》（以下简称《畜牧法》）和《中华人民共和国动物防疫法》（以下简称《动物防疫法》）有关规定

（1）概述　此项为必备项。我国支持和鼓励养殖业的规模化、产业化、标准化发展，同时要求养殖用地符合当地土地利用规划，并符合相关法律法规要求。《畜牧法》第四十条规定，禁止在下列区域内建设畜禽养殖场、养殖小区：生活饮用水的水源保护区、风景名胜区，以及自然保护区的核心区和缓冲区；城镇居民区、文化教育科学研究区等人口集中区域；法律法规规定的其他禁养区域。

（2）评估要点　现场查看有关部门出具的土地使用协议、备案手续或建设规划证明。"法律法规规定的其他禁养区域"，符合当地国土部门制定的土地规划。

（3）入围原则　申请场具有有关部门出具的土地使用协议、备案手续或建设规划证明，场址位置符合地方政府关于禁养区、限养区管理的相关规定，认为此项符合；否则为不符合，不予入围。

Ⅱ　具有县级以上畜牧兽医主管部门备案登记证明，并按照农业农村部《畜禽标识和养殖档案管理办法》要求建立养殖档案

（1）概述　此项为必备项。《畜牧法》第三十九条规定，我国畜禽养殖场实行备案。农业农村部颁布的《畜禽标识和养殖档案管理办法》规范了养殖档案管理。

（2）评估要点　查看县级以上畜牧兽医行政主管部门的备案登记材料，并初步了解养殖档案信息，确认至少涵盖以下内容：家畜品种、数量、繁殖记录、标识情况、来源、进出场日期；投入品采购、使用情况；检疫、免疫、消毒情况；家畜发病、死亡和无害化处理情况；家畜养殖代码；农业农村部规定的其他内容。

（3）入围原则　申请场应当同时具备以上基本条件要素，认为此项为符合；否则为不符合，不予入围。

Ⅲ　具县级以上畜牧兽医主管部门颁发的动物防疫条件合格证，2 年内无重大动物疫病和产品质量安全事件发生记录

（1）概述　此项为必备项。根据《动物防疫法》及《动物防疫条件审查办法》，动物饲养场应符合《动物防疫条件审查办法》所规定的动物防疫条件，并取得动物防疫条件合格证。养殖场 2 年内无重大动物疫病和产品质量安全事件发生。

（2）评估要点　查看养殖场的动物防疫条件合格证、无重大动物疫病以及产品质量安全相关记录。

（3）入围原则　取得动物防疫条件合格证并在有效期内（或年审合格）的，以及 2 年内无重大动物疫病和产品质量安全事件发生且记录完整的，认为此项为符合；不能提供动物防疫条件合格证或动物防疫条件合格证不在有效期内（或年审不合格）的，或不能提供 2 年内无重大动物疫病和产品质量安全事件发生记录的，为不符合，不予入围。

Ⅳ　种畜禽养殖企业具有县级以上畜牧兽医主管部门颁发的种畜禽生产经营

许可证

（1）概述　此项为必备项。《种畜禽管理条例》第十五条规定，生产经营种畜禽的单位和个人，必须向县级以上人民政府畜牧兽医行政主管部门申领种畜禽生产经营许可证。生产经营畜禽冷冻精液、胚胎或其他遗传材料的，由农业农村部或省、自治区、直辖市人民政府畜牧兽医行政主管部门核发种畜禽生产经营许可证。

（2）评估要点　查看养殖场的种畜禽生产经营许可证。

（3）入围原则　取得种畜禽生产经营许可证并在有效期内的，认为此项为符合；不能提供种畜禽生产经营许可证或种畜禽生产经营许可证不在有效期内的，为不符合，不予入围。

Ⅴ　有病死动物和粪污无害化处理设施设备或有效措施

（1）概述　此项为必备项。《畜牧法》第三十九条规定，畜禽养殖场、养殖小区应有对畜禽粪便、废水和其他固体废弃物进行综合利用的沼气池等设施设备或者其他无害化处理设施设备；《畜禽规模养殖污染防治条例》第十三条规定，畜禽养殖场、养殖小区应当根据养殖规模和污染防治需要，建设相应的畜禽粪便、污水与雨水分流设施设备，畜禽粪便、污水的储存设施设备，粪污厌氧消化和堆沤、有机肥加工、制取沼气、沼渣沼液分离和输送、污水处理、畜禽尸体处理等综合利用和无害化处理设施设备。已经委托他人对畜禽养殖废弃物代为综合利用和无害化处理的，可以不自行建设综合利用和无害化处理设施设备。

（2）评估要点　现场查看养殖场病死动物和粪污无害化处理设施设备，以及相关文件记录。

（3）入围原则　养殖场具有病死动物和粪污无害化处理设施设备，或有效的动物无害化处理措施，认为此项为符合；否则为不符合，不予入围。

Ⅵ　种羊场存栏 500 只以上（地方保种场除外）

（1）概述　此项为必备项。种羊场存栏量是其规模化养殖的体现和证明。

（2）评估要点　查看养殖场养殖档案等相关文件或记录。

（3）入围原则　能提供养殖场最新的养殖档案等相关文件或记录，认为此项为符合；否则为不符合，不予入围。

二、评分项目

该部分条款为规模化种羊场主要动物疫病净化场现场综合审查的评分项，共计 82 小项，满分 100 分，根据现场审查实际情况逐项评分。

（一）人员管理

1. 有净化工作组织团队和明确的责任分工

（1）概述　动物疫病净化为一项长期性、系统性的工作，应由养殖企业主要负责人牵头组建净化工作组织团队，并明确责任分工，确保净化各项措施有效落实。

（2）评估要点　查阅净化工作组织团队名单、责任分工等相关证明材料。

（3）给分原则　组建净化团队并分工明确，材料完整，得 1 分；仅组建净化团队，无明确分工，得 0.5 分；无明确的净化团队，不得分。

2. 全面负责疫病防治工作的技术负责人从事养羊业 3 年以上

（1）概述　养殖场疫病防治工作技术负责人需具有较丰富的从业经验。按照《畜禽养殖场质量管理体系建设通则》（NY/T 1569）要求，从业人员应取得相应资质。疫病防治工作技术负责人的专业知识、能力和水平关系到养殖场疫病净化的实施和效果，应对其专业素质作出明确规定。

（2）评估要点　查阅技术负责人档案并询问其工作经历。

（3）给分原则　从事养羊业 3 年以上，得 1 分；否则不得分。

3. 建立了合理的员工培训制度和培训计划

（1）概述　养殖场应按照 NY/T 1569、《无公害农产品　生产质量安全控制技术规范 》（NY/T 2798）要求，建立培训制度，制订培训计划并组织实施。直接从事种畜禽生产的工人需要经过专业技术培训，熟练掌握相应的生产基本知识和技能，养殖场应安排资金用于员工职业技术培训。

（2）评估要点　查阅近 1 年员工培训制度及近 1 年员工培训计划。

（3）给分原则　有员工培训制度和培训计划，得 0.5 分；否则不得分。

4. 有完整的员工培训考核记录

（1）概述　养殖场制定的各项管理制度和生产规程、技术规范，需要通过一定的宣贯方式，传达到每一位员工，并使其知悉和掌握。

（2）评估要点 查阅近 1 年员工培训考核记录，重点查看各生产阶段员工培训考核记录。

（3）给分原则 有员工培训考核记录，得 0.5 分；否则不得分。

5. 从业人员有（有关布鲁氏菌病）健康证明

（1）概述 按照《无公害食品 畜禽饲养兽医防疫准则》（NY/T 5339）、NY/T 2798 规定，养殖场应建立职工健康档案；从业人员每年进行一次健康检查并获得健康证；员工应确认无布鲁氏菌病及其他传染病。同时，要求饲养人员应具备一定的自身防护常识。

（2）评估要点 现场查阅养殖场从业人员，特别是与生产密切相关岗位人员的健康证明。

（3）给分原则 与生产密切相关工作岗位从业人员具有有关布鲁氏菌病的健康证明，得 1 分；否则不得分。

6. 有 1 名以上本场专职兽医技术人员获得执业兽医资格证书

（1）概述 按照《兽用处方药和非处方药管理办法》《执业兽医管理办法》、NY/T 1569、NY/T 2798 等要求，养殖场应聘任专职兽医，本场兽医应获得执业兽医资格证书。

（2）评估要点 现场查看养殖场专职兽医的执业兽医资格证书和专职证明性记录（如社保或工资发放证明）。

（3）给分原则 本场有 1 名以上的专职兽医技术人员取得执业兽医资格证书，得 1 分；否则不得分。

（二）结构布局

7. 场区位置独立，与主要交通干道、居民生活区、屠宰厂（场）、交易市场有效隔离

（1）概述 按照《动物防疫条件审查办法》《种羊场建设标准》（NY/T 2169）、《畜禽场场区设计技术规范》（NY/T 682）等要求，畜禽场选址应符合环境条件要求，并与主要交通干道、生活区、屠宰厂（场）、交易市场等容易产生污染的单位保持有效距离。《动物防疫条件审查办法》规定，场区位置距离生活饮用水源地、

动物饲养场、养殖小区和城镇居民区、文化教育科研等人口集中区域及公路、铁路等主要交通干线1 000m以上；距离动物隔离场所、无害化处理场所、动物屠宰加工场所、动物和动物产品集贸市场、动物诊疗场所3 000m以上。

（2）评估要点　现场查看养殖场场区位置与周边环境。

（3）给分原则　部分养殖场要达到规定的隔离距离要求，实际操作难度较大，需现场仔细查看周边环境和隔离设施设备或措施（例如，树木等自然屏障隔离等），位置独立且能满足有效隔离要求的，得2分；位置独立但不能有效隔离的，得1分；否则不得分。

8. 场区周围有有效防疫隔离带

（1）概述　防疫隔离带是疫病防控的基础性组成部分，按照《动物防疫条件审查办法》、NY/T 2169等要求，种羊场周围应有有效防疫隔离。

（2）评估要点　现场查看防疫隔离带；防疫隔离带可以是围墙、防风林、灌木、防疫沟或其他的物理隔离形式，有利于切断人员、车辆的自由流动。

（3）给分原则　有防疫隔离带，得0.5分；否则不得分。

9. 养殖场防疫标识明显（有防疫警示标语、标牌）

（1）概述　防疫标识是疫病防控的基础性组成部分。按照《动物防疫条件审查办法》、NY/T 2169等要求，养殖场应设置明显的防疫警示标牌，禁止任何来自可能染疫地区的人员及车辆进入场内。

（2）评估要点　现场查看防疫标识。

（3）给分原则　有明显的防疫标识，得0.5分；否则不得分。

10. 办公区、生产区、生活区、粪污处理区和无害化处理区完全分开且相距50m以上

（1）概述　场区设计和布局应符合《动物防疫条件审查办法》、NY/T 2169、NY/T 682等规定，设计合理，布局科学。

（2）评估要点　现场查看养殖场布局。生活区一般应位于场区全年主导风向的上风向或侧风向处，与生产区严格分开，距离50m以上；辅助生产区设在生产区边缘下风处，饲料加工车间远离饲养区，草垛与羊舍间距50m以上；粪污处理、无害化处理、病羊隔离区（包括兽医室）等隔离区应处于场区全年主导风

向的下风向处和场区地势最低处，用围墙或绿化带与生产区隔离，隔离区与生产区通过污道连接。另外，病羊隔离区与生产区距离 300m，粪污处理区与功能地表水体距离 400m。

（3）给分原则 生产区与其他各区皆距离 50m 以上者，得 2 分；其他任意两区未有效分开，得 1 分；生产区与生活区未区分者，不得分。

11. 生产区内种羊、母羊、羔羊、育成（育肥）羊分开饲养或有相应羊舍

（1）概述 按照 NY/T 2169 等相关规定，种羊场生产区内种公羊舍、母羊舍、羔羊舍、育成舍、育肥舍应分开设置，各舍之间应符合规定的间距或有物理隔离。羊舍朝向应兼顾通风与采光，羊舍纵向轴线应与常年主导风向呈 30°～60° 角，两排羊舍前后间距宜为 12～15m，左右间距应宜为 8～12m，由上风向到下风向各类羊舍的顺序为种公羊舍、种母羊舍、分娩羊舍、后备羊舍、断奶羔羊舍和育成羊舍。运动场一般设在羊舍南侧，运动场四周设排水沟。

（2）评估要点 现场查看生产区内羊舍的布局和设置状况。

（3）给分原则 生产区内有种公羊、种母羊、羔羊、育成（育肥）羊舍且布局合理，得 1 分；各栋舍之间距离符合要求，有物理隔离，得 1 分；否则不得分。

12. 有专用分娩舍或栋舍内有专用分娩栏

（1）概述 羊在分娩期间经历了内分泌、营养、代谢、生理状态等多种变化，这期间羊机体最容易受到外界各种因素的影响，任何一个环节出现问题，将会直接影响羊的健康及生产性能，对于布鲁氏菌病等水平传染性病，分娩时传播的风险较大。因此，需有专用分娩舍或栋舍内有专用分娩栏。按照 NY/T 2169 要求，种羊场应设置分娩羊舍，配置分娩栏，产栏面积为 $2m^2$/只以上。

（2）评估要点 现场查看专用分娩舍或专用分娩栏。

（3）给分原则 有专用分娩舍或栋舍内有专用分娩栏，且符合要求，得 1 分；否则不得分。

13. 净道与污道分开

（1）概述 净道与污道分开是切断动物疫病传播途径的有效手段。按照《动物防疫条件审查办法》、NY/T 2169 等要求，净道与污道应分开，隔离区与生产

区通过污道连接，避免交叉和混用。

（2）评估要点   现场查看净道、污道设置。

（3）给分原则   净道与污道完全分开，不交叉，得2分；有个别点状交叉但有专项制度规定使用时间及消毒措施，得2分；净道与污道存在部分交叉，得1分；净道与污道未区分，不得分。

（三）栏舍设置

14. 有封闭式、半开放式或开放式羊舍

（1）概述   因圈舍的密封程度对健康养殖具有十分重要的作用，圈舍的密封程度越低，疫病传播风险就越高，为有效减少动物疫病传播概率，设置此项。按照 NY/T 2169 等要求，北方地区种羊舍建筑形式可采用有窗式或半开放式；南方地区可采用开放式、高床式或楼式羊舍。根据现场条件，羊舍结构可采用砖混结构、轻钢结构或砖木结构。羊舍屋面可为拱形、单坡或双坡屋面；根据种羊场所在区域气候特点，羊舍屋面应相应采取保温、隔热措施。

（2）评估要点   现场查看圈舍设置情况。

（3）给分原则   圈舍为封闭式羊舍，得1分；半开放式、开放式羊舍，得0.5分；否则不得分。

15. 有独立的后备羊专用舍或隔离栏舍

（1）概述   引种隔离在养殖场日常生产工作中占有重要作用。后备羊专用舍和引种隔离栏舍，作为种羊场规范化运行内容，有利于降低羊群疫病传入、传播风险。引种隔离应符合《种畜禽调运检疫技术规范》（GB/T 16567）、NY/T 5339、NY/T 2169 规定。

（2）评估要点   现场查看引种隔离舍和后备羊专用舍；查看其是否独立设置。

（3）给分原则   后备羊专用舍或引种隔离舍独立设置，得1分；否则不得分。

16. 有相对隔离的病羊专门隔离治疗舍

（1）概述   为降低病羊传播疫病的风险，《动物防疫条件审查办法》规定，

饲养场应有相对独立的患病动物隔离舍。主要用于对病羊隔离和治疗。按照NY/T 682、NY/T 5339、NY/T 2169、NY/T 2798 等要求，病羊隔离区主要包括兽医室、隔离羊舍，应设在生产区外围下风地势低处，远离生产区（与生产区保持 300m 以上间距），与生产区有专用通道相通，与场外有专用大门相通。

（2）评估要点　现场查看病羊专用隔离治疗舍。现场检查其位置是否合理，是否与生产区相对独立并保持一定间距。查看其设置是否与其他生产区栏舍隔离。

（3）给分原则　有相对隔离的病羊专用隔离治疗舍，得 2 分；否则不得分。

17. 有预售种羊观察舍或设施设备

（1）概述　种羊预售前的观察，应禁止选种人员进入羊舍与羊群直接接触。可以通过隔离间玻璃观察，也可以通过现场视频监控观察。

（2）评估要点　现场查看预售种羊观察舍或设施设备。

（3）给分原则　有预售种羊观察舍或设施设备，得 1 分；否则不得分。

18. 羊舍通风、换气和温控等设施设备运转良好

（1）概述　通风、换气、温度调节设备，是衡量现代化养殖的一项重要参考指标。按照 NY/T 2169、《畜禽场环境污染控制技术规范》（NY/T 1169）等要求，种羊舍应因地制宜设置夏季降温和冬季供暖或保温设施设备。冬季分娩羊舍、断奶羔羊舍内最低温度不宜低于 10℃，其他类型羊舍内最低温度不宜低于 5℃。羊舍宜采用自然通风，辅以机械通风。《畜禽场环境质量标准》（NY/T 388）规定了舍区生态环境应达到的具体指标。

（2）评估要点　现场查看羊舍通风、换气和温控等设施设备。

（3）给分原则　羊舍有通风、换气和温控系统等设施设备且运转良好，得 1 分；羊舍有通风、换气和温控系统等设施设备但未正常运转，得 0.5 分；羊舍无通风、换气和温控系统等设施设备不得分。

19. 羊舍内有专用饲槽，有运动场且运动场有补饲槽

（1）概述　按照 NY/T 2169、《牧区牛羊棚圈建设技术规范》（NY/T 1178）等有关要求，羊舍内应当设有专用饲槽，运动场也应设补饲槽。牧区羊场应设有围栏，并有防鼠害及其他野生动物装置，保护羊的安全。

（2）评估要点　现场查看羊舍专用饲槽，运动场的补饲槽，牧区羊场围栏和防鼠害及其他野生动物装置。

（3）给分原则　羊舍内有专用饲槽，得0.5分；平养舍饲养有运动场且运动场有补饲槽，得0.5分（高床饲养，得0.5分）；牧区羊场有围栏，得0.5分；没有相应设施设备不得分。

20. 有配套饲草料加工机具

（1）概述　种羊场是否配套饲草料加工机具是衡量现代化养殖的一项参考指标。按照NY/T 2169等要求种羊场应配套青贮饲料粉碎机、装载机、固定式饲料搅拌设备、精饲料粉碎机等饲料加工设备。

（2）评估要点　现场查看种羊场饲草料加工机具。

（3）给分原则　有配套饲草料加工机具，得1分；有简单饲草料加工机具的，得0.5分；否则不得分。

21. 有与养殖规模相适应的青贮设施设备和干草棚

（1）概述　种羊场是否配套青贮设施设备是衡量现代化养殖的一项参考指标。按照NY/T 682等要求，青贮、干草、块根块茎类饲料或垫草等大宗物料的储存场地，应按照储用合一的原则，布置在靠近畜舍的边缘地带，并且要求排水良好，便于机械化作业，符合防火要求。在计算所需储存设施设备容积时，青贮饲料的容重按$600\sim700kg/m^3$计算，干草的容重按$70\sim75kg/m^3$计算。

（2）评估要点　现场查看种羊场青贮设施设备和干草棚。

（3）给分原则　有与养殖规模相适应的青贮设施设备，得0.5分；有干草棚，得0.5分；否则不得分。

（四）卫生环保

22. 场区卫生状况良好，垃圾及时处理，无杂物堆放

（1）概述　良好的卫生环境，既体现养殖场现代化管理水平，也体现养殖场对生物安全管理的重视。按照NY/T 5339要求，养殖场每天坚持打扫畜舍卫生，保持料槽、水槽、用具干净，地面清洁。NY/T 2798要求及时处理生产区域内的污水和垃圾等污染物，保持清洁。

（2）评估要点　现场查看场区内垃圾集中堆放，位置是否合理，是否有杂物堆放。

（3）给分原则　场区卫生状况良好，无垃圾杂物堆放，得 1 分；否则不得分。

23. 生产区具备有效的防鼠、防虫媒、防犬猫进入的设施设备或措施

（1）概述　鼠、虫媒、犬猫等常携带多种病原体，对羊场养殖具有较大威胁。按照《动物防疫条件审查办法》要求，种畜禽场应有必要的防鼠、防鸟、防虫设施设备或者措施。按照 NY/T 2798 要求，养殖区和圈舍周围采取保护措施，减少啮齿类动物和鸟类侵入。投放鼠药等诱饵应定时、定点，诱饵投放位置应避免家畜接近，做好诱饵投放示意图和记录。

（2）评估要点　现场查看羊场内环境卫生，尤其是低洼地带、墙基、地面；查看饲料存储间的防鼠设施设备；查看羊舍外墙角的防鼠碎石/沟；查看防鼠的措施和制度；查看防鸟害的措施和制度。向养殖场工作人员了解防鼠灭鼠、防虫媒、防鸟害措施和设施设备。

（3）给分原则　有防鼠害的措施和制度，饲料存储间、羊舍外墙角有必要的防鼠设施设备，日常开展防鼠灭鼠工作，能够有效防鼠，得 1 分；否则不得分。

24. 场区禁养其他动物，并防止周围其他动物进入场区

（1）概述　按照 NY/T 2798 等规范要求，种羊场不应饲养其他畜禽。按照 NY/T 5339 等规范要求，不得将畜禽及其产品带入场区。鉴于犬猫可携带多种人兽共患传染病病原，是多种寄生虫的宿主，对于动物疫病净化潜在影响较大，因此，动物疫病净化场不得喂养犬猫及其他动物。

（2）评估要点　查看防止外来动物进入场区的设施设备，查看场区是否饲养其他畜禽。

（3）给分原则　场区未饲养其他动物，现有设施设备能有效防止周围其他畜禽进入场区，得 1 分；否则不得分。

25. 粪便及时清理、转运，存放地点有防雨、防渗漏、防溢流措施

（1）概述　羊粪处理是重要的环保指标，也是有效降低疫病传播风险的重要

手段。养殖场清粪工艺、频次，粪便堆放、处理应按照 NY/T 2169、《畜禽粪便无害化处理技术规范》（NY/T 1168）、《畜禽粪便安全使用准则》（NY/T 1334）等执行。采取干清粪工艺，日产日清；收集过程采取防扬散、防流失、防渗透等工艺；粪便定点堆积；储存场所有防雨、防渗透、防溢流措施；实行生物发酵等粪便无害化处理工艺以达到《粪便无害化卫生要求》（GB/T 7959）规定。利用无害化处理后的粪便生产有机肥，应符合《有机肥料》（NY/T 525）规定；生产复混肥，应符合《有机-无机复混肥料》（GB/T 18877）的规定。未经无害化处理的粪便，不得直接施用。养殖场发生重大动物疫情时，按照防疫有关要求处理粪便。

（2）评估要点　现场查看羊粪储存设施设备和场所。

（3）给分原则　有固定的羊粪储存、堆放设施设备和场所，并有防雨、防渗漏、防溢流措施，或及时转运，得1分；否则不得分。

26. 水质检测符合人畜饮水卫生标准

（1）概述　水与畜禽生命关系密切，是其机体的重要组成部分，因水质导致畜禽疫病或死亡，也一定程度上影响公共卫生安全。畜禽场饮用水水质应达到《生活饮用水卫生标准》（GB/T 5749）或《无公害食品　畜禽饮用水水质》（NY/T 5027）要求。按照《畜禽场环境质量及卫生控制规范》（NY/T 1167）、NY/T 2798 要求养殖场应定期检测饮用水质，定期清洗和消毒供水、饮水设施设备。

（2）评估要点　查看有资质实验室出具的水质检测报告。

（3）给分原则　有相关部门水质检测报告且满足 GB/T 5749 或 NY/T 5027要求，得0.5分；否则不得分。

27. 具有县级以上环保行政主管部门的环评验收报告或许可

（1）概述　《畜禽规模养殖污染防治条例》规定：新、改、扩建养殖场，应当满足动物防疫条件，并进行环境影响评价。项目按照其对环境的影响程度分别编制环境影响报告书、报告表、登记表。

（2）评估要点　查看县级以上环保行政主管部门的环评验收报告或许可。

（3）给分原则　具有县级以上环保行政主管部门的环评验收报告或许可，得0.5分；否则不得分。

（五）无害化处理

28. 粪污的无害化处理符合生物安全要求

（1）概述　按照 NY/T 2169 要求，种羊场的粪污处理设施设备应与生产设施设备同步设计、同时施工、同时投产使用，其处理能力和处理效率应与生产规模相匹配。种羊场宜采用堆肥发酵方式对粪污进行无害化处理，处理结果应符合 NY/T 1168 的要求。达到《畜禽养殖业污染物排放标准》（GB/T 18596）要求。

（2）评估要点　粪污处理设施设备和处理能力是否与生产规模相匹配，是否采用堆肥发酵等方式对粪污进行无害化处理。

（3）给分原则　粪污处理设施设备和处理能力与生产规模相匹配，处理结果证明符合 NY/T 1168 相关要求，得 1 分；否则不得分。

29. 病死动物剖检场所符合生物安全要求

（1）概述　病死动物通常带有大量病原，如在没有生物安全防护的场所对其剖检，极易造成病原的扩散而污染环境和感染养殖场内易感动物。按照《无公害农产品　兽药使用准则》（NY/T 5030）要求，发生动物死亡，应请专业兽医解剖，分析原因。解剖场所应远离生产区，剖检过程应做好生物安全防护，不得形成二次污染。

（2）评估要点　现场查看病死动物剖检场所的位置及生物安全状况；不在场内剖检的，查看病死羊无害化处理相关记录。

（3）给分原则　病死动物剖检场所远离生产区并符合生物安全要求，得 1 分；不在场内剖检的，病死羊无害化处理符合生物安全要求并且相关记录完整，得 1 分；否则不得分。

30. 建立了病死羊无害化处理制度

（1）概述　按照《动物防疫条件审查办法》、NY/T 1569 要求，畜禽养殖场应建立对病、死畜禽的治疗、隔离、处理制度。

（2）评估要点　查阅病死羊无害化处理制度。

（3）给分原则　建立了病死羊无害化处理制度，得 1 分；否则不得分。

31. 病死羊无害化处理设施设备或措施运转有效并符合生物安全要求

（1）概述　按照《畜禽规模养殖污染防治条例》《动物防疫条件审查办法》等法规要求，养殖场应具备病死羊无害化处理设施设备。按照 NY/T 2169、NY/T 2798、NY/T 5339 要求，病死及病害动物和相关动物产品、污染物应按照《病死及病害动物无害化处理技术规范》进行无害化处理，相关消毒工作按《畜禽产品消毒规范》（GB/T 16569）进行消毒。非传染性病死羊尸体、胎盘、死胎等的处理与处置应符合 GB/T 18596、《畜禽养殖业污染防治技术规范》（HJ/T 81）的规定。

（2）评估要点　现场查看病死羊无害化处理设施设备。

（3）给分原则　配备焚烧炉、化尸池或其他病死羊无害化处理设施设备且运转正常，或具有其他有效的动物无害化处理措施，得 1 分；配备焚烧炉、化尸池或其他病死羊无害化处理设施设备但未正常运转，得 0.5 分，否则不得分。或是，由地方政府统一收集进行无害化处理且当日不能拉走的，场内有病死动物低温暂存间并能够提供完整记录，得 2 分；记录不完整，得 1 分；否则不得分。

32. 有完整的病死羊无害化处理记录并具有可追溯性

（1）概述　病死羊无害化处理既是种羊场疫病净化的主要内容，也是平时开展疫病诊断、预防的重要环节，处理记录应具有可追溯性。养殖场无害化处理记录内容应按 NY/T 1569 等规定填写。

（2）评估要点　查阅相关档案，抽取病死羊记录，追溯其隔离、淘汰、诊疗、无害化处理等相关记录。

（3）给分原则　病死羊处理档案完整、可追溯，得 1 分；病死羊处理档案不完整，得 0.5 分；无病死羊处理档案不得分。

33. 无害化处理记录保存 3 年以上

（1）概述　按照《病死及病害动物无害化处理技术规范》等要求，无害化处理记录应由相关负责人员签字并妥善保存 2 年以上。为了全面掌握养殖场疫病净化工作开展情况，净化场相关记录应保存 3 年以上。

（2）评估要点　查阅近 3 年病死羊处理档案（建场不足 3 年，查阅自建场之日起档案）。

（3）给分原则　档案保存期 3 年及以上，得 1 分；档案保存期不足 3 年，得 0.5 分；无档案不得分。

34. 按国家规定处置布鲁氏菌病等监测阳性动物，并记录完整

（1）概述　布鲁氏菌病是一种危害严重的人兽共患病，监测到的阳性动物应按照《布鲁氏菌病防治技术规范》等规定进行处置，并记录完整。

（2）评估要点　查阅监测阳性动物的处置记录。

（3）给分原则　监测阳性动物处置规范，记录完整，得 2 分；否则不得分。

35. 对流产物实施无害化处理，并记录完整

（1）概述　患布鲁氏菌病等羊的流产物中带有大量的病原微生物，应对流产物进行无害化处理，防止传播。传染性器官组织、流产物等按《病死及病害动物无害化处理技术规范》进行处理。

（2）评估要点　查阅流产物的处理记录。

（3）给分原则　流产物无害化处理规范，记录完整，得 2 分；否则不得分。

（六）消毒管理

36. 有完善的消毒管理制度

（1）概述　按照 NY/T 2798 要求，养殖场应建立健全消毒制度，消毒工作按照 NY/T 5339 执行。消毒制度应按照 NY/T 1569、NY/T 2798 等要求，结合本场实际制定。

（2）评估要点　现场检查消毒管理制度。

（3）给分原则　有完善的消毒管理制度，得 1 分；有制度但不完整，得 0.5 分；无制度不得分。

37. 场区入口有有效的车辆消毒池和覆盖全车的消毒设施设备

（1）概述　入场车辆是动物疫病传入的关键风险点之一。按照《动物防疫条件审查办法》、NY/T 2169、NY/T 2798、NY/T 5339 等要求，场区出入口处设置与门同宽的车辆消毒池。也可按照 NY/T 2798 规定，在场区入口设置能满足进出车辆消毒要求的设施设备。

（2）评估要点　现场查看消毒设施设备。

（3）给分原则　场区入口有车辆消毒池和消毒设施设备，且能满足车辆消毒要求，得 1 分；仅有消毒池或设施设备但无法完全满足车辆消毒要求，得 0.5 分；否则不得分。

38. 场区入口有有效的人员消毒设施设备

（1）概述　按照《动物防疫条件审查办法》、NY/T 2169、NY/T 5339 规定，场区出入口处设置消毒室。经兽医管理人员许可，外来人员应在消毒后穿专用工作服进入场区。

（2）评估要点　现场查看消毒设施设备。

（3）给分原则　场区入口有有效的人员消毒设施设备，得 1 分；有人员消毒设施设备但不能完全满足人员消毒要求，得 0.5 分；否则不得分。

39. 有严格的车辆及人员出入场区消毒及管理制度

（1）概述　养殖场应按照 NY/T 1569 要求，建立出入场区消毒管理制度和岗位操作规程，明确对出入车辆和人员的控制、消毒措施和效果。

（2）评估要点　查阅车辆及人员出入管理制度。

（3）给分原则　建立了车辆及人员出入场区消毒及管理制度，得 1 分；否则不得分。

40. 车辆及人员出入场区消毒管理制度执行良好并记录完整

（1）概述　对车辆及人员出入和消毒情况进行记录，记录内容参照 NY/T 2798 设置。

（2）评估要点　查阅车辆及人员出入记录、现场观察。

（3）给分原则　严格执行车辆及人员出入场区消毒管理制度并记录完整，得 1 分；执行不到位或记录不完整，得 0.5 分；否则不得分。

41. 生产区入口有有效的人员消毒设施、设备

（1）概述　按照《动物防疫条件审查办法》、NY/T 2169、NY/T 2798、NY/T 5339 规定，生产区入口处应设置更衣消毒室。消毒通道应有地面消毒和紫外线消毒。

（2）评估要点　现场查看消毒设施设备。

（3）给分原则　生产区入口有人员消毒的设施设备，得1分；生产区入口有人员消毒设施设备，但不能完全满足消毒要求，得0.5分；否则不得分。

42. 有严格的人员进入生产区消毒及管理制度

（1）概述　按照《动物防疫条件审查办法》、NY/T 2798、NY/T 5339等要求，制定人员进入生产区管理制度。明确本场职工、外来人员进入生产区的管理及消毒规程。按照NY/T 2798规定，应建立出入登记制度，非生产人员未经许可不得进入生产区，人员进入生产区，应穿工作服经过消毒间，洗手消毒后方可入场并遵守场内防疫制度。

（2）评估要点　查阅人员出入生产区消毒及管理制度。

（3）给分原则　建立了人员出入生产区消毒及管理制度，得1分；否则不得分。

43. 人员进入生产区消毒及管理制度执行良好并记录完整

（1）概述　对人员出入和消毒情况进行记录，记录内容参照NY/T 2798设置。

（2）评估要点　查阅人员出入生产区记录。

（3）给分原则　人员出入生产区消毒及管理制度执行良好并记录完整，得1分；执行不到位或者记录不完整，得0.5分；否则不得分。

44. 每栋羊舍（棚圈）有消毒器材或设施设备，有专用药浴设备或设施

（1）概述　《动物防疫条件审查办法》规定，各养殖栋舍出入口设置消毒池或者消毒垫。消毒设施设备主要用于出入人员和器具的消毒。专用药浴设备是养羊场必备的设施设备，是衡量现代化养羊的一项重要参考指标。《羊外寄生虫药浴技术规范》（NY/T 1947）规定，种羊场应设置专门的药浴池或药淋间。药浴池的大小为（3~10）m×（0.6~0.8）m×（1~1.5）m（长×宽×高）。药液在能淹没羊体的同时，要求药液面以上的池沿必须保持足够的高度。药浴池要防渗漏，并建在地势较低出，远离居民生活区和人畜饮水水源。池底应有坡度，以便排水；入口端为陡坡，设待浴栏；出口端为台阶，设滴水台。

（2）评估要点 现场查看羊舍（棚圈）的消毒器材或设施设备配置状况；现场查看专用药浴设备。

（3）给分原则 羊舍（棚圈）内有消毒器材或设施设备，得 0.5 分，否则不得分；有专用药浴设备或设施，得 0.5 分；否则不得分。

45. 栋舍、生产区内部有定期消毒措施且执行良好

（1）概述 羊舍和生产区内的消毒是消灭病原、切断传播途径的有效手段，要定期对羊舍和生产区内进行消毒并记录完整。消毒措施应符合 NY/T 5339、NY/T 2798 相关规定。

（2）评估要点 现场查看，并查阅相关消毒制度和岗位操作规程；查看相关记录。

（3）给分原则 有消毒制度和措施，记录完整，得 1 分；部分不完善，得 0.5 分；否则不得分。

46. 有羊分娩后消毒措施，执行良好

（1）概述 母羊分娩后应及时消毒，清洗胎衣、血迹污物，保持卫生状况，防止病原传播。

（2）评估要点 查阅羊分娩后消毒措施执行情况。

（3）给分原则 有羊分娩后消毒措施并执行良好，得 1 分；否则不得分。

47. 有消毒剂配制和管理制度

（1）概述 科学合理地选择消毒剂种类和消毒方法可以更有效地杀灭病原微生物，要有建立科学合理的消毒剂配制和管理制度。

（2）评估要点 查阅消毒剂配制和管理制度。

（3）给分原则 定期更换消毒液，有配制和更换记录，得 0.5 分；否则不得分。

48. 消毒液定期更换，配置及更换记录完整

（1）概述 养殖场要严格执行本场制定的消毒剂配液和管理制度，必须定期更换消毒液，日常的消毒液配置及更换记录应详细完整。

（2）评估要点 查阅消毒剂配制和更换记录。

（3）给分原则　相关配置更换记录翔实，得 0.5 分；否则不得分。

（七）生产管理

49. 制定了投入品（含饲料、兽药、生物制品）管理使用制度，执行良好并记录完整

（1）概述　养殖场应依据《畜牧法》《中华人民共和国农产品质量安全法》《畜禽标识和养殖档案管理办法》《饲料和饲料添加剂管理条例》和《兽药管理条例》等法律法规，建立投入品管理和使用制度，并严格执行 NY/T 2798 等规定：购进饲料及饲料添加剂，应符合《饲料卫生标准》（GB/T 13078）的规定及其产品质量标准，不得添加农业农村部公布的禁用物质；购进的牧草不得来自疫区；购进兽药应符合《中华人民共和国兽药典》等规定，不得添加农业农村部公告中禁止使用的药品和其他化合物。饲料和饲料添加剂的使用，应符合《无公害食品 畜禽饲料和饲料添加剂使用准则》（NY/T 5032）的规定；兽药的使用，应符合 NY/T 5030、《饲料药物添加剂使用规范》的规定。

（2）评估要点　查阅养殖场管理制度，是否涵盖饲料、兽药、生物制品管理使用制度。

（3）给分原则　建立了投入品（含饲料、兽药、生物制品）使用制度并执行良好、记录完整，得 1 分；执行不到位或记录不完整，得 0.5 分；否则不得分。

50. 有饲料库，并且饲料与药物、疫苗等不同类型投入品分类储藏

（1）概述　养殖场投入品（含饲料、兽药、生物制品）的管理，既是《畜牧法》《畜禽标识和养殖档案管理办法》《饲料和饲料添加剂管理条例》和《兽药管理条例》的要求，也是防疫制度化和确保公共食品安全的重要组成部分。养殖场饲料、兽药、生物制品等不同类型的投入品应分类储存，防止污染和交叉污染。投入品储存按照 NY/T 2798 规定执行。饲料库和配料库中不同类型的饲料应分类存放，先进先出；添加兽药的饲料与其他饲料分开储藏；不同类别的兽药和生物制品按说明书规定分类储存；投入品储存状态标识清楚，有安全保护措施。

（2）评估要点　现场查看饲料库和饲料、药物、疫苗等不同类型的投入品储

藏状态和标识。

（3）给分原则 有饲料库，得0.5分；否则不得分。各类投入品分开储藏，标识清晰，得0.5分；否则不得分。

51. 生产记录完整，有生长记录、发病治疗淘汰记录、日饲料消耗记录和饲料添加剂使用记录

（1）概述 生产档案既是《畜禽标识和养殖档案管理办法》《种畜禽管理条例实施细则》要求的内容，也是规范化养殖场应具备的基础条件。养殖场应按照NY/T 1569、NY/T 5049、NY/T 5339规定，根据监控方案要求，做好生产过程各项记录，以提供符合要求和质量管理体系有效运行的证据。

（2）评估要点 查阅养殖场生长、发病治疗淘汰、日饲料消耗和饲料添加剂使用记录等生产档案。

（3）给分原则 有生长记录，得0.5分；有发病治疗淘汰记录，得0.5分；有日饲料消耗记录，得0.5分；有饲料添加剂使用记录，得0.5分；没有该项记录不得分。

52. 有健康巡查制度及记录

（1）概述 建立健康巡查制度能及时发现可疑现象并采取防控措施，将发病范围控制到最小，损失降到最低。

（2）评估要点 查阅养殖场健康巡查制度及记录。

（3）给分原则 建立了健康巡查制度并执行良好、记录完整，得2分；建立了健康巡查制度但未有效执行、记录不全，得1分；未建立健康巡查制度或无相关记录不得分。

53. 年流产率不高于5%

（1）概述 母羊流产率能够反映出养殖场饲养管理水平和疫病防控水平。绵羊和山羊是高产动物，流产率也相对较高。根据《Sheep&Goat Medicine》（D. G. Pugh主编），这两种动物流产率为5%可以认为是正常的，小于5%表明良好，小于2%表示很好。

（2）评估要点 根据当年生产报表计算母羊年流产率。

（3）给分原则 母羊流产率不高于5%，得2分；否则不得分。

（八）防疫管理

54. 卫生防疫制度健全，有传染病应急预案

（1）概述 《动物防疫法》规定，动物饲养场应有完善的动物防疫制度。《动物防疫条件审查办法》、NY/T 1569 规定，养殖场应建立卫生防疫制度。养殖场应根据动物防疫制度要求建立完善相关岗位操作规程，按照操作规程的要求建立档案记录。同时，养殖场应按照 NY/T 5339、NY/T 2798 有关要求，建立突发传染病应急预案，本场或本地发生疫情时做好应急处置。

（2）评估要点 现场查阅卫生防疫管理制度。查看制度、岗位操作规程、相关记录是否能够互相印证，并证明质量管理体系的有效运行。现场查阅传染病应急预案。

（3）给分原则 卫生防疫制度健全，岗位操作规程完善，相关档案记录能证明各项防疫工作有效实施；有传染病应急预案，得 1 分；不完善，得 0.5 分；既无制度或制度不受控，又无传染病应急预案，不得分。

55. 有独立兽医室

（1）概述 有独立的兽医工作场所是养殖场开展常规动物疫病检查、检测的体现，有利于养殖场及时掌握本场疫病流行动态。养殖场应按照《动物防疫条件审查办法》、NY/T 682 要求，设置独立的兽医工作场所，开展常规动物疫病检查诊断和检测。

（2）评估要点 现场查看是否设置独立的兽医室，并符合本释义第 10、16 条的规定。

（3）给分原则 有独立兽医室，得 1 分；否则不得分。

56. 兽医室具备正常开展临床诊疗和采样条件

（1）概述 按照《动物防疫条件审查办法》要求，兽医室需配备疫苗储存、消毒和诊疗设备，具备开展常规动物疫病诊疗和采样的条件。鼓励有条件的养殖场建设完善的兽医实验室，为本场开展疫病净化监测提供便利条件。

（2）评估要点 现场查看实验室是否具备正常开展临床诊疗和采样工作的设施设备。

（3）给分原则　兽医室具有相应设施设备，能正常开展血清、病原样品采样工作，具备开展听诊、触诊等基本临床检查和诊疗工作的条件，得 1 分；否则不得分。

57. 兽医诊疗与用药记录完整

（1）概述　养殖场应按照 NY/T 1569、NY/T 5030、NY/T 5339 规定，完善诊疗和兽药使用记录。记录内容应不少于 NY/T 2798 要求各项。

（2）评估要点　查阅至少近 3 年以来的兽医诊疗与用药记录；养殖场创建不足 3 年的，要查阅建场以来所有的兽医诊疗与用药记录。

（3）给分原则　有完整的 3 年及以上兽医诊疗与用药记录，得 1 分；有兽医诊疗与用药记录但未完整记录或保存不足 3 年，得 0.5 分；否则不得分。

58. 有完整的病死动物剖检记录

（1）概述　病死动物通常带有大量病原，对其进行剖检须记录当时状况和剖检结果等信息，便于追溯和分析养殖场疫病流行形势。参照本释义第 32 条。

（2）评估要点　查阅病死动物剖检记录。

（3）给分原则　有病死动物剖检记录且记录完整，得 1 分；否则不得分。

59. 有预防、治疗羊常见病的规程或方案

（1）概述　建立预防、治疗羊常见疫病规程是种羊场日常管理和有效预防、治疗常见动物疫病的重要基础性组成部分，应当不断完善。

（2）评估要点　现场查看是否建立有预防、治疗羊常见疫病规程。

（3）给分原则　制订有预防、治疗羊常见疫病的规程，得 1 分；否则不得分。

60. 对流产羊进行隔离并开展布鲁氏菌病检测

（1）概述　布鲁氏菌病最显著的症状是怀孕母畜发生流产，故而应及时对流产羊进行隔离并开展布鲁氏菌病检测，及时处理。布鲁氏菌病净化场一旦发现羊流产等布鲁氏菌病类似症状，应按照《布鲁氏菌病防治技术规范》要求，对羊隔离观察并开展相关检测。

（2）评估要点　查阅流产羊布鲁氏菌病检测记录。

（3）给分原则　有流产羊的隔离措施，布鲁氏菌病检测记录完整，得 2 分；有隔离措施但记录不完整，得 1 分；否则不得分。

61. 有动物发病记录、阶段性疫病流行记录或定期羊群健康状态分析总结

（1）概述　全面记录分析、总结养殖场内动物发病、阶段性疫病流行或定期羊群健康状态，可掌握养殖场内疫病流行形势，有利于疫病的综合防控。NY/T 1569 要求，养殖场应该建立对生产过程的监控方案，同时建立内部审核制度。养殖场应定期分析、总结生产过程中各项制度、规程及羊群健康状况。按照 NY/T 5339 等规定，动物群体相关记录具体内容包括：畜种及来源、生产性能、饲料来源及消耗、兽药使用及免疫、日常消毒、发病情况、实验室检测及结果、死亡率及死亡原因、无害化处理情况等。按照 NY/T 1569、NY/T 2798 规定的填写内容要求，羊群发病记录与养殖场诊疗记录可合并；阶段性疫病流行或定期羊群健康状态分析可结合周期性内审或年度工作报告一并进行。

（2）评估要点　查阅养殖场动物发病记录、阶段性疫病流行记录或羊群健康状态分析总结。

（3）给分原则　有相应的记录和分析总结，得 1 分；否则不得分。

62. 制订了口蹄疫等疫病科学合理的免疫程序，执行良好并记录完整

（1）概述　科学的免疫程序是疫病防控的重要环节，防疫档案既是《畜禽标识和养殖档案管理办法》要求的内容，也是养殖场开展疫病净化应具备的基础条件。养殖场应根据《动物防疫法》及其配套法规要求，结合本地实际，建立本场免疫制度，制订免疫计划，按照 NY/T 5339 要求，确定免疫程序和免疫方法，采购的疫苗应符合《兽用生物制品质量标准》，免疫操作按照《动物免疫接种技术规范》（NY/T 1952）执行。

（2）评估要点　查阅养殖场免疫制度、计划、免疫程序；查阅近 3 年免疫记录。

（3）给分原则　免疫程序科学合理，免疫档案记录完整，得 1 分；免疫程序不合理或档案不完整，得 0.5 分；否则不得分。

（九）种源管理

63. 建立了科学合理的引种管理制度

（1）概述 养殖场应建立引种管理制度，规范引种行为。引种申报及隔离符合 NY/T 5339、NY/T 2798 规定。引进的活体动物、精液和胚胎实施分类管理，从购买、隔离、检测、混群等方面应做出详细规定。

（2）评估要点 现场查阅养殖场的引种管理制度。

（3）给分原则 建立了科学合理的引种管理制度，得 1 分；否则不得分。

64. 引种管理制度执行良好并记录完整

（1）概述 为从源头控制疫病的传入风险，应严格执行引种管理制度，并完整记录引种相关各项工作，保证记录的可追溯性。

（2）评估要点 现场查阅养殖场的引种管理记录。

（3）给分原则 严格执行引种管理制度且记录规范完整，得 1 分；否则不得分。

65. 购进精液、胚胎、引种来源于有种畜禽生产经营许可证的单位或符合相关规定国外进口的种羊、胚胎或精液

（1）概述 引种问题是养殖场疫病控制的源头问题。引种来源应符合 GB/T 16567 要求。国外引进种羊或精液的，查阅国务院畜牧兽医行政主管部门签发的审批意见及进出口相关管理部门出具的检测报告。

（2）评估要点 查阅种羊供应单位的种畜禽生产经营许可证；查阅外购精液供应单位的相关资质文件。

（3）给分原则 满足上述所有条件，得 1 分；否则不得分。

66. 引入种羊、精液、胚胎，证件（动物检疫合格证明、种畜禽合格证、系谱证）齐全

（1）概述 按照 NY/T 5339、NY/T 2798 关于种羊引种的要求，养殖场应提供相关资料及证明：输出地为非疫区；省内调运种羊的，输出地县级动物卫生监督机构按照《反刍动物产地检疫规程》检疫合格；跨省调运须经输入地

省级动物卫生监督机构审批，按照《跨省调运乳用种用动物产地检疫规程》检疫合格；运输工具需彻底清洗消毒，持有动物及动物产品运载工具消毒证明；输出方应提供的相关经营资质材料；国外引进种羊、胚胎或精液的，应持国务院畜牧兽医行政主管部门签发的审批意见及进出口相关管理部门出具的检测报告。

（2）评估要点　查阅种羊供应单位相关资质材料复印件；查阅外购种羊、精液、胚胎供体的种畜禽合格证、系谱证；查阅调运相关申报程序文件资料；查阅输出地动物卫生监督机构出具的动物检疫合格证明、运输工具消毒证明或进出口相关管理部门出具的检测报告；查阅输入地动物卫生监督机构解除隔离时的检疫合格证明或资料。国外引进种羊的，查阅国务院畜牧兽医行政主管部门签发的审批意见及进出口相关管理部门出具的检测报告。

（3）给分原则　满足上述所有条件，得1分；否则不得分。

67. 引入动物应有隔离观察记录

（1）概述　按照GB/T 16567要求对引种羊只进行隔离观察，经当地动物卫生监督机构检查确定健康合格后，方可并群饲养。

（2）评估要点　查阅引入动物的隔离观察记录。

（3）给分原则　有引入动物的隔离观察记录，得1分；否则不得分。

68. ＊留用种羊/精液，有抽检检测报告结果：口蹄疫病原检测阴性

（1）概述　引入精液，应符合《山羊冷冻精液》（GB/T 20557）等规定；同时，需提供本批精液或供体羊相关资质证明资料及口蹄疫病原学检测报告。

（2）评估要点　查阅留用种羊/精液的实验室检测报告。

（3）给分原则　口蹄疫病原检测结果全为阴性，得1分，否则不得分。

69. ＊留用种羊/精液，抽检检测报告结果：布鲁氏菌病检测阴性

（1）概述　引入精液，应符合GB/T 20557等规定；同时，需提供本批精液或供体羊相关资质证明资料及布鲁氏菌病检测报告。

（2）评估要点　查阅留用种羊/精液的实验室检测报告。

（3）给分原则　羊布鲁氏菌病抗体检测结果全为阴性，得1分；否则不得分。

70. 有近3年完整的种羊销售记录

（1）概述   参照 NY/T 2798，建立种羊销售记录。及时跟踪种羊的去向，在发生疫情时可根据销售记录进行追溯。

（2）评估要点   查阅近3年种羊销售记录。

（3）给分原则   有近3年种羊销售记录并且清晰完整，得1分；销售记录不满3年或记录不完整，得0.5分；无种羊销售记录不得分。

71. 本场销售种羊、胚胎或精液有疫病抽检记录，并附具完整的系谱及种畜合格证、动物检疫合格证明

（1）概述   对销售的种羊、胚胎或精液进行疫病抽检能保证产品安全和质量，提高种羊销售者的责任意识。

（2）评估要点   查阅本场销售种羊、胚胎或精液的疫病抽检记录。

（3）给分原则   有销售种羊、胚胎或精液的疫病抽检记录，得1分；否则不得分。

（十）监测净化

72. 有布鲁氏菌病年度（或更短周期）监测方案并切实可行

（1）概述   布鲁氏菌病是种羊场重点监测的人兽共患病之一。有计划、科学合理地开展主要动物疫病的监测工作，是疫病防控、净化的基础，是保持动物群体健康状态的关键。

（2）评估要点   查阅近1年养殖场布鲁氏菌病监测方案；评估监测方案是否符合本地、本场实际情况。

（3）给分原则   有布鲁氏菌病年度监测方案并切实可行，得1分；有监测方案但缺乏可行性，得0.5分；没有布鲁氏菌病年度监测方案，不得分。

73. 有口蹄疫年度（或更短周期）监测方案并切实可行

（1）概述   口蹄疫是种羊场重点监测的一类动物疫病之一。有计划、科学合理地开展主要动物疫病的监测工作，是疫病防控、净化的基础，是保持动物群体健康状态的关键。

（2）评估要点　查阅近1年养殖场口蹄疫监测方案；评估监测方案是否符合本地、本场实际情况。

（3）给分原则　有羊口蹄疫年度监测方案并切实可行，得1分；有监测方案但缺乏可行性，得0.5分；没有羊口蹄疫年度监测方案，不得分。

74. * 检测记录能追溯到种羊及后备羊群的唯一性标识（如耳标号）

（1）概述　养殖场按照《畜禽标识和养殖档案管理办法》规定对种羊及后备羊群加以标识。按照NY/T 2798要求建立种羊唯一性标识和有效运行的追溯制度，确保所有种羊能被单独识别。

（2）评估要点　抽查检测记录，现场查看是否能追溯到每一只种羊及后备羊群。

（3）给分原则　检测记录具有可追溯性且所有样品均可溯源，得3分；部分检测样品不能溯源，得1分；检测记录不能够溯源至羊群的唯一性标识，不得分。

75. * 根据监测方案开展监测，且监测报告保存3年以上

（1）概述　持续监测是养殖场开展疫病净化的基础。养殖场应按照NY/T 5339等要求，按照监测方案开展监测，并将结果及时报告当地畜牧兽医行政主管部门。

（2）评估要点　查阅近3年监测方案；查阅近3年监测报告。

（3）给分原则　按照监测方案所要求的检测频率、检测数量、动物养殖阶段、检测病种、检测项目开展监测，与相应监测报告差距较大的，不得分；监测报告保存期不足3年的，少1年扣1分。

76. * 开展过主要动物疫病净化工作，有布鲁氏菌病/口蹄疫/羊痘净化方案

（1）概述　养殖场应主动开展动物疫病净化工作，制订科学合理的净化方案。

（2）评估要点　查阅布鲁氏菌病/口蹄疫/羊痘净化方案。

（3）给分原则　有以上任一病种的净化方案，得1分；否则不得分。

77. * 净化方案符合本场实际情况，切实可行

（1）概述　净化方案应切合本场实际情况，科学合理，具有可操作性。

（2）评估要点 评估布鲁氏菌病/口蹄疫/羊痘净化方案是否结合本场实际情况，是否具有可行性。

（3）给分原则 净化方案符合本场实际情况并切实可行，得 2 分；净化方案与本场情况较切合，需要进一步完善，得 1 分；净化方案在本场不具备操作性，不得分。

78. *有 3 年以上的净化工作实施记录，记录保存 3 年以上

（1）概述 对净化工作实施情况进行全面的记录和保存，是提高养殖场疫病防控、净化综合管理能力的有效手段。

（2）评估要点 查阅布鲁氏菌病/口蹄疫/羊痘净化实施记录。

（3）给分原则 有以上任一病种的净化实施记录并保存 3 年以上，得 1.5 分；缺少 1 年，扣 0.5 分，扣完为止。

79. 有定期净化效果评估和分析报告（生产性能、流产率、阳性率等）

（1）概述 应严格按照制订的净化方案实施净化，并对净化效果定期进行评估和分析。

（2）评估要点 查阅近 3 年净化效果评估分析报告。

（3）给分原则 有近 3 年净化效果评估分析报告，能够反映出本场净化工作进展的，得 1.5 分；评估分析报告不足 3 年或报告不完善的，得 0.5 分；否则不得分。

80. 实际检测数量与应检测数量基本一致，检测试剂购置数量或委托检测凭证与检测量相符

（1）概述 持续监测是养殖场开展疫病净化的基础，实际检测数量与应检测数量基本一致，检测试剂购置数量或委托检测凭证与检测量相符。

（2）评估要点 查阅养殖场检测试剂购置或委托检测凭证，并核实是否与应检测量相符。

（3）给分原则 有检测试剂购置或委托检测凭证且与应检测量相符，得 2 分；有检测试剂购置或委托检测凭证但与应检测量不相符，得 1 分；无检测试剂购置或委托检测凭证不得分。

（十一）场群健康

具有近1年内有资质的兽医实验室（即通过农业农村部实验室考核、通过实验室资质认定或 CNAS 认可的兽医实验室）监督检验报告（每次抽检只数不少于30只）并且结果符合：

81. ＊口蹄疫净化示范场：符合净化评估标准；创建场及其他病种示范场：口蹄疫免疫抗体合格率≥70%

（1）概述　羊场疫病流行情况和羊群健康水平是评估净化效果的重要参考。

（2）评估要点　查阅近1年检测报告，计算相应指标。

（3）给分原则　口蹄疫净化示范场：检测报告结果为近1年内有资质的兽医实验室出具，每次抽检只数≥30，每次检测结果均符合口蹄疫净化评估标准，得5分；否则，不得分。

主要净化评估病种为口蹄疫的创建场：检测报告结果为近1年内有资质的兽医实验室出具，每次抽检只数≥30，每次检测口蹄疫免疫抗体合格率≥70%，得5分；检测报告为非有资质兽医实验室出具扣2分，单次抽检只数不足30只扣1分，任何一次检测结果口蹄疫免疫抗体合格率<70%扣2分；否则，不得分。

其他病种示范场及创建场：检测报告为近1年内有资质的兽医实验室出具，每次抽检只数≥30，每次检测结果口蹄疫免疫抗体合格率≥70%，得1分；以上任一条件不满足，不得分。

82. ＊布鲁氏菌病净化示范场：符合净化评估标准；创建场及其他病种示范场：布鲁氏菌病阳性检出率≤0.5%

（1）概述　羊场疫病流行情况和羊群健康水平是评估净化效果的重要参考。

（2）评估要点　查阅近1年检测报告，计算相应指标。

（3）给分原则　布鲁氏菌病净化示范场：检测报告结果为近1年内有资质的兽医实验室出具，每次抽检只数≥30，每次检测结果均符合布鲁氏菌病净化评估标准，得5分；否则不得分。

主要净化评估病种为布鲁氏菌病的创建场：检测报告结果为近1年内有资质的兽医实验室出具，每次抽检只数≥30，每次检测布鲁氏菌病阳性检出率≤0.5%,得5分；检测报告为非有资质兽医实验室出具扣2分，单次抽检只数不足 30 只扣 1 分，任何一次检测结果布鲁氏菌病阳性检出率＞0.5％扣 2 分；否则不得分。

其他病种示范场及创建场：检测报告为近 1 年内有资质的兽医实验室出具，每次抽检只数≥30，每次检测布鲁氏菌病阳性检出率≤0.5％，得 1 分；以上任一条件不满足，不得分。

三、现场评估结果

净化示范场总分不低于 90 分，且关键项（＊项）全部满分，为现场评估通过。净化创建场总分不低于 80 分，为现场评估通过。

四、附录

附　录　A
（国家法律法规）

《中华人民共和国畜牧法》
《中华人民共和国动物防疫法》
《中华人民共和国农产品质量安全法》

附　录　B
（国家标准）

GB/T 16567—1996	种畜禽调运检疫技术规范
GB/T 7959—2012	粪便无害化卫生要求
GB/T 18877—2009	有机-无机复混肥料
GB/T 5749—2006	生活饮用水卫生标准
GB/T 18596—2001	畜禽养殖业污染物排放标准
GB/T 16569—1996	畜禽产品消毒规范
GB/T 13078—2001	饲料卫生标准
GB/T 20557—2006	山羊冷冻精液

附　录　C
（农业行业标准）

NY/T 1569—2007	畜禽养殖场质量管理体系建设通则

NY/T 2798—2015	无公害农产品　生产质量安全控制技术规范
NY/T 5339—2006	无公害食品　畜禽饲养兽医防疫准则
NY/T 2169—2012	种羊场建设标准
NY/T 682—2003	畜禽场场区设计技术规范
NY/T 1169—2006	畜禽场环境污染控制技术规范
NY/T 388—1999	畜禽场环境质量标准
NY/T 1178—2006	牧区牛羊棚圈建设技术规范
NY/T 1168—2006	畜禽粪便无害化处理技术规范
NY/T 1334—2007	畜禽粪便安全使用准则
NY/T 525—2012	有机肥料
NY/T 5027—2008	无公害食品　畜禽饮用水水质
NY/T 1167—2006	畜禽场环境质量及卫生控制规范
NY/T 5030—2016	无公害农产品　兽药使用准则
NY/T 1947—2010	羊外寄生虫药浴技术规范
HJ/T 81—2001	畜禽养殖业污染防治技术规范
NY/T 5032—2006	无公害食品　畜禽饲料和饲料添加剂使用准则
NY/T 1952—2010	动物免疫接种技术规范

附　录　D

（农业农村部下发相关文件）

《畜禽标识和养殖档案管理办法》

《动物防疫条件审查办法》

《种畜禽管理条例》

《兽用处方药和非处方药管理办法》

《执业兽医管理办法》

《畜禽规模养殖污染防治条例》

《病死及病害动物无害化处理技术规范》

《布鲁氏菌病防治技术规范》

《饲料和饲料添加剂管理条例》

《兽药管理条例》

《中华人民共和国兽药典》

《饲料药物添加剂使用规范》

《种畜禽管理条例实施细则》

《兽用生物制品质量标准》

《反刍动物产地检疫规程》

《跨省调运乳用种用动物产地检疫规程》

第五章

种公猪站主要
疫病净化评估
标准及释义

第一节　净化评估标准

一、猪伪狂犬病

（一）净化评估标准

满足以下要求，视为达到**净化标准**：

（1）采精公猪、后备种猪抽检，猪伪狂犬病病毒抗体检测阴性。

（2）停止免疫2年以上，无临床病例。

（3）现场综合审查通过。

（二）抽样检测

具体抽样检测要求见表5-1。

表5-1　净化评估实验室检测要求

检测项目	检测方法	抽样种群	抽样数量	样本类型
抗体检测	ELISA	采精公猪	存栏量200头以下，100%采样；存栏量200头以上，按照证明无疫公式计算（CL=95%，P=3%）；随机抽样，覆盖不同猪群	血清
		后备种猪	100%抽样	

二、猪瘟

（一）净化评估标准

满足以下要求，视为达到**净化标准**：

（1）采精公猪、后备种猪抽检，猪瘟病毒抗体检测阴性。

（2）停止免疫2年以上，无临床病例。

（3）现场综合审查通过。

（二）抽样检测

具体抽样检测要求见表 5-2。

表 5-2 净化评估实验室检测要求

检测项目	检测方法	抽样种群	抽样数量	样本类型
抗体检测	ELISA	采精公猪	存栏量 200 头以下，100%采样；存栏量 200 头以上，按照证明无疫公式计算（CL＝95%，P＝3%）；随机抽样，覆盖不同栋舍猪群	血清
		后备种猪	100%抽样	

三、猪繁殖与呼吸综合征

（一）净化评估标准

满足以下要求，视为达到**净化标准：**

（1）采精公猪、后备种猪抽检，猪繁殖与呼吸综合征病毒抗体阴性。

（2）停止免疫 2 年以上，无临床病例。

（3）现场综合审查通过。

（二）抽样检测

具体抽样检测要求见表 5-3。

表 5-3 净化评估实验室检测要求

检测项目	检测方法	抽样种群	抽样数量	样本类型
抗体检测	ELISA	采精公猪	存栏量 200 头以下，100%采样；存栏量 200 头以上，按照证明无疫公式计算（CL＝95%，P＝3%）；随机抽样，覆盖不同猪群	血清
		后备种猪	100%抽样	

第二节 现场综合审查评分表

现场综合审查评分表见表 5-4。

表 5-4　现场综合审查评分表

类别	编号	具体内容及评分标准	关键项	分值
必备条件	Ⅰ	土地使用符合相关法律法规与区域内土地使用规划，场址选择符合《中华人民共和国畜牧法》和《中华人民共和国动物防疫法》有关规定		必备条件
	Ⅱ	具有县级以上畜牧兽医行政主管部门备案登记证明，并按照农业农村部《畜禽标识和养殖档案管理办法》要求，建立养殖档案		
	Ⅲ	具有县级以上畜牧兽医行政主管部门颁发的动物防疫条件合格证，2年内无重大动物疫病发生记录		
	Ⅳ	具有畜牧兽医行政主管部门颁发的种畜禽生产经营许可证		
	Ⅴ	采精公猪存栏不少于 30 头		
	Ⅵ	有病死动物和粪污无害化处理设施设备或措施		
人员管理 8 分	1	有净化工作组织团队和明确的责任分工		1
	2	有专职的精液分装检验人员		2
	3	技术人员必须经过专业培训并取得相关证明		1
	4	建立了合理的员工培训制度，制订了员工培训计划		1
	5	有完整的员工培训考核记录		1
	6	从业人员有健康证明		1
	7	有 1 名以上本场专职兽医技术人员获得执业兽医资格证书		1
结构布局 12 分	8	场区位置独立，与主要交通干道、居民生活区、屠宰厂（场）、交易市场有效隔离		2
	9	场区周围有有效防疫隔离带		0.5
	10	养殖场防疫标识明显（有防疫警示标语、标牌）		0.5
	11	办公区、生产区、生活区、粪污处理区和无害化处理区完全分开且相距 50m 以上		2
	12	有独立的采精室，且功能室布局合理，有专用的精液销售区		1
	13	采精室和精液制备室有效隔离，分别有独立的洗澡更衣室		2
	14	精液制备室、精液质量检测室洁净级别达到万级		1.5
	15	有独立的引种隔离舍或后备培育舍		1.5
	16	净道与污道分开		1
设施设备 4 分	17	采精室、精液制备室、精液质量检测室有控温、通风换气和消毒设施设备，且运转良好		1
	18	精液分装区域洁净级别达到百级		1
	19	猪舍通风、换气和温控等设施设备运转良好，有独立高效空气过滤系统		2
卫生环保 9 分	20	场区卫生状况良好，垃圾及时处理，无杂物堆放		1
	21	能实现雨污分流		1
	22	生产区具备有效的防鼠、防虫媒、防犬猫进入的设施设备或措施		3
	23	粪便及时清理、转运，存放地点有防雨、防渗漏、防溢流措施		2
	24	水质检测符合人畜饮水卫生标准		1
	25	具有县级以上环保行政主管部门的环评验收报告或许可		1

（续）

类别	编号	具体内容及评分标准	关键项	分值
无害化处理 8分	26	粪污无害化处理符合生物安全要求		1
	27	建立了病死猪、废弃物及粪污无害化处理制度		1
	28	病死猪无害化处理设施设备或措施运转有效并符合生物安全要求		2
	29	有完整的病死猪无害化处理记录并具有可追溯性		1
	30	无害化处理记录保存 3 年以上		1
	31	有病死猪死亡原因分析		1
	32	淘汰猪处理记录完整，并保存 3 年以上		1
消毒管理 11分	33	有完善的消毒管理制度		1
	34	场区入口有有效的人员消毒设施设备及覆盖全车的车辆消毒设施设备		1
	35	有严格的车辆及人员出入场区消毒及管理制度		1
	36	车辆及人员出入场区消毒管理制度执行良好并记录完整		1
	37	生产区入口有有效的人员消毒、淋浴设施设备		1
	38	有严格的人员进入生产区消毒及管理制度		1
	39	人员及投入品进入生产区消毒及管理制度执行良好并记录完整		1
	40	生产区内部有定期消毒措施且执行良好		1
	41	精液采集、传递、制配、储存等各生产环节符合生物安全要求		1
	42	采精室、各功能室及生产用器具定期消毒，记录完整		1
	43	有消毒剂配制和管理制度		0.5
	44	消毒液定期更换，配置及更换记录完整		0.5
生产管理 7分	45	制定了投入品（含饲料、兽药、生物制品等）使用管理制度，执行良好并记录完整		1
	46	饲料、药物、疫苗等不同类型的投入品分类分开储藏，标识清晰		1
	47	有种公猪精液生产技术规程并严格遵照执行，有保存完整的 3 年以上的档案记录		1
	48	有精液质量检测技术规程并严格遵照执行，有保存完整的 3 年以上的档案记录		1
	49	有种公猪饲养管理技术规程并严格遵照执行，有保存完整的 3 年以上的档案记录		1
	50	采精和精液分装由不同的工作人员完成		1
	51	有日常健康巡查制度及记录		1
防疫管理 5分	52	有常见疾病防治规程及突发动物疫病应急预案		2
	53	动物发病、兽医诊疗与用药记录完整		1
	54	有阶段性疫病流行记录或定期猪群健康状态分析总结		2

（续）

类别	编号	具体内容及评分标准	关键项	分值
种源管理18分	55	建立科学合理的引种管理制度、执行良好并有完整记录		2
	56	有引种隔离管理制度，执行良好并有完整记录		2
	57	国内引种来源于取得省级种畜禽生产经营许可证的种猪场，国外引进种猪符合相关规定		1
	58	国内引入种猪入场前猪瘟病毒检测结果阴性，国外引入种猪入场前猪瘟病毒抗体检测阴性	*	2
	59	国内引入种猪入场前口蹄疫病毒检测结果阴性，国外引入种猪入场前口蹄疫病毒抗体检测阴性	*	2
	60	国内引入种猪入场前猪伪狂犬病病毒或感染抗体检测结果阴性，国外引入种猪入场前猪伪狂犬病病毒抗体检测阴性	*	2
	61	引入种猪入场前猪繁殖与呼吸综合征抗原和抗体检测结果均为阴性	*	2
	62	有 3 年以上的精液销售、使用记录		1
	63	本场供给精液有猪繁殖与呼吸综合征病毒、猪伪狂犬病病毒、猪瘟病毒的定期抽检记录		4
监测净化18分	64	有猪瘟年度（或更短周期）监测方案并切实可行		1
	65	有口蹄疫年度（或更短周期）监测方案并切实可行		1
	66	有猪繁殖与呼吸综合征年度（或更短周期）监测方案并切实可行		1
	67	有猪伪狂犬病年度（或更短周期）监测方案并切实可行		1
	68	检测记录能追溯到种公猪个体的唯一性标识（如耳标号）	*	2
	69	检测报告保存 3 年以上	*	3
	70	有口蹄疫/猪瘟/猪繁殖与呼吸综合征/猪伪狂犬病净化维持方案，并切实可行	*	2
	71	有净化工作记录，记录保存 3 年以上	*	1.5
	72	有检测试剂购置、委托检验凭证或其他与检验报告相符的证明材料，实际检测数量与应检测数量基本一致		1.5
	73	具有近 3 年有资质的兽医实验室监督检测报告，并且申报评估病种病原检测结果阴性	*	4
总　分				100

注："＊"表示此项为关键项，净化示范场总分不低于 90 分，且关键项全部满分，为现场评估通过。

第三节 现场综合审查要素释义

一、必备条件

该部分条款，作为种公猪站主要动物疫病净化场入围的基本条件，其中任意一项不符合条件，不予入围。

Ⅰ 土地使用符合相关法律法规与区域内土地使用规划，场址选择符合《中华人民共和国畜牧法》（以下简称《畜牧法》）和《中华人民共和国动物防疫法》（以下简称《动物防疫法》）的有关规定

（1）概述 此项为必备项。我国支持和鼓励养殖业的规模化、产业化、标准化发展，同时要求养殖用地符合当地土地利用规划，并符合相关法律法规要求。《畜牧法》第四十条规定，禁止在下列区域内建设畜禽养殖场、养殖小区：生活饮用水的水源保护区、风景名胜区，以及自然保护区的核心区和缓冲区；城镇居民区、文化教育科学研究区等人口集中区域；法律法规规定的其他禁养区域。

（2）评估要点 现场查看有关部门出具的土地使用协议、备案手续或建设规划证明。"法律法规规定的其他禁养区域"，符合当地国土部门制定的土地规划。

（3）入围原则 申请场具有有关部门出具的土地使用协议、备案手续或建设规划证明，场址位置符合地方政府关于禁养区、限养区管理的相关规定，认为此项符合；否则为不符合，不予入围。

Ⅱ 具有县级以上畜牧兽医主管部门备案登记证明，并按照农业农村部《畜禽标识和养殖档案管理办法》要求建立养殖档案

（1）概述 此项为必备项。《畜牧法》第三十九条规定，我国畜禽养殖场实行备案。农业农村部颁布的《畜禽标识和养殖档案管理办法》规范了养殖档案管理。

（2）评估要点 查看县级以上畜牧兽医行政主管部门的备案登记材料，并初步了解养殖档案信息，确认至少涵盖以下内容：家畜品种、数量、繁殖记录、标识情况、来源、进出场日期；投入品采购、使用情况；检疫、免疫、消毒情况；家畜发病、死亡和无害化处理情况；家畜养殖代码；农业农村部规定的其他内容。

（3）入围原则　申请场应当同时具备以上基本条件要素，认为此项为符合；否则为不符合，不予入围。

Ⅲ　具县级以上畜牧兽医主管部门颁发的动物防疫条件合格证，2 年内无重大动物疫病发生记录

（1）概述　此项为必备项。根据《动物防疫法》及《动物防疫条件审查办法》，动物饲养场应符合《动物防疫条件审查办法》所规定的动物防疫条件，并取得动物防疫条件合格证。养殖场 2 年内无重大动物疫病和产品质量安全事件发生。

（2）评估要点　查看养殖场的动物防疫条件合格证、无重大动物疫病以及产品质量安全相关记录。

（3）入围原则　取得动物防疫条件合格证并在有效期内（或年审合格）的，以及 2 年内无重大动物疫病和产品质量安全事件发生且记录完整的，认为此项为符合；不能提供动物防疫条件合格证或动物防疫条件合格证不在有效期内（或年审不合格）的，或不能提供 2 年内无重大动物疫病和产品质量安全事件发生记录的，为不符合，不予入围。

Ⅳ　具有县级以上畜牧兽医主管部门颁发的种畜禽生产经营许可证

（1）概述　此项为必备项。《种畜禽管理条例》第十五条规定，生产经营种畜禽的单位和个人，必须向县级以上人民政府畜牧兽医行政主管部门申领种畜禽生产经营许可证。生产经营畜禽冷冻精液、胚胎或其他遗传材料的，由农业农村部或省、自治区、直辖市人民政府畜牧兽医行政主管部门核发种畜禽生产经营许可证。

（2）评估要点　查看养殖场的种畜禽生产经营许可证。

（3）入围原则　取得种畜禽生产经营许可证并在有效期内的，认为此项为符合；不能提供种畜禽生产经营许可证或种畜禽生产经营许可证不在有效期内的，为不符合，不予入围。

Ⅴ　采精公猪存栏不少于 30 头

（1）概述　此项为必备项。种公猪站种公猪的数量是其规模的体现和证明。

（2）评估要点　查看养殖场养殖档案等相关文件或记录。

（3）给分原则　能提供养殖场最新的养殖档案等相关文件或记录，认为此项为符合；否则为不符合，不予入围。

Ⅵ　有病死动物和粪污无害化处理设施设备或有效措施

（1）概述　此项为必备项。《畜牧法》第三十九条规定，畜禽养殖场、养殖小区应有对畜禽粪便、废水和其他固体废弃物进行综合利用的沼气池等设施或者其他无害化处理设施；《畜禽规模养殖污染防治条例》第十三条规定，畜禽养殖场、养殖小区应当根据养殖规模和污染防治需要，建设相应的畜禽粪便、污水与雨水分流设施，畜禽粪便、污水的储存设施，粪污厌氧消化和堆沤、有机肥加工、制取沼气、沼渣沼液分离和输送、污水处理、畜禽尸体处理等综合利用和无害化处理设施。已经委托他人对畜禽养殖废弃物代为综合利用和无害化处理的，可以不自行建设综合利用和无害化处理设施。

（2）评估要点　现场查看养殖场病死动物和粪污无害化处理设施设备，以及相关文件记录。

（3）入围原则　养殖场具有病死动物和粪污无害化处理设施设备，或有效的动物无害化处理措施，认为此项为符合；否则为不符合，不予入围。

二、评分项目

该部分条款为种公猪站主要动物疫病净化场现场综合审查的评分项，共计73小项，满分100分，根据现场审查实际情况逐项评分。

（一）人员管理

1. 有净化工作组织团队和明确的责任分工

（1）概述　动物疫病净化为一项长期性、系统性的工作，应由养殖企业主要负责人牵头组建净化工作组织团队，并明确责任分工，确保净化各项措施有效落实。

（2）评估要点　查阅净化工作组织团队名单、责任分工等相关证明材料。

（3）给分原则　组建净化团队并分工明确，材料完整，得1分；仅组建净化团队，无明确分工，得0.5分；无明确的净化团队，不得分。

2. 有专职的精液分装检验人员

（1）概述 精液质量是影响猪场繁殖性能的主要因素之一，因此公猪站需配备专职的精液分装检验人员。

（2）评估要点 查看公猪站劳资人员花名册，查询所有员工的岗位职责，重点查看是否有专职的精液分装检验人员。

（3）给分原则 有专职的精液分装检验人员，得 2 分；否则不得分。

3. 技术人员必须经过专业培训并取得相关证明

（1）概述 种公猪站不同于一般的养殖场，采精员等各类技术人员的水平是保证种公猪站正常运行的基础。

（2）评估要点 查阅技术人员档案及相关证书。

（3）给分原则 各类技术人员均具有相关培训档案并取得证书，得 1 分；否则不得分。

4. 建立了合理的员工培训制度，制订了员工培训计划

（1）概述 养殖场应按照《畜禽养殖场质量管理体系建设通则》（NY/T 1569）、《无公害农产品 生产质量安全控制技术规范 》（NY/T 2798）要求，建立培训制度，制订培训计划并组织实施。直接从事种畜禽生产的工人需要经过专业技术培训，熟练掌握相应的生产基本知识和技能，养殖场应安排资金用于员工职业技术培训。

（2）评估要点 查阅培训制度及近 1 年员工培训计划。

（3）给分原则 有员工培训制度和培训计划，得 1 分；否则不得分。

5. 有完整的员工培训考核记录

（1）概述 养殖场制定的各项管理制度和生产规程、技术规范，需要通过一定的宣贯方式，传达到每一位员工，并使其知悉和掌握。

（2）评估要点 查阅近 1 年员工培训考核记录，重点查看各生产阶段员工的培训考核记录。

（3）给分原则 有员工培训考核记录，得 1 分；否则不得分。

6. 从业人员有健康证明

（1）概述 养殖场应按照《无公害食品 畜禽饲养兽医防疫准则》（NY/T 5339）、NY/T 2798要求，建立职工健康档案；从业人员每年进行一次健康检查并获得健康证。同时，要求饲养人员应具备一定的自身防护常识。

（2）评估要点 现场查阅养殖场从业人员，特别是与生产密切相关岗位人员的健康证明。

（3）给分原则 与生产密切相关工作岗位从业人员具有健康证明，得1分；否则不得分。

7. 有1名以上本场专职兽医技术人员获得执业兽医资格证书

（1）概述 根据《兽用处方药和非处方药管理办法》《执业兽医管理办法》等规定，按照NY/T 1569、NY/T 2798要求，养殖场应聘任专职兽医，本场兽医应获得执业兽医资格证书。

（2）评估要点 现场查看养殖场专职兽医的执业兽医资格证书和专职证明性记录（如社保或工资发放证明）。

（3）给分原则 本场有1名以上的专职兽医技术人员取得执业兽医资格证书，得1分；否则不得分。

（二）结构布局

8. 场区位置独立，与主要交通干道、居民生活区、屠宰厂（场）、交易市场有效隔离

（1）概述 按照《动物防疫条件审查办法》《规模猪场建设》（GB/T 17824.1)、《种猪场建设标准》（NY/T 2968）、《种公猪站建设技术规范》（NY/T 2077）、《畜禽场场区设计技术规范》（NY/T 682）、NY/T 5339等要求，畜禽场选址应符合环境条件要求，并与主要交通干道、生活区、屠宰厂（场）、交易市场等容易产生污染的单位保持有效距离。按照《动物防疫条件审查办法》规定，场区位置距离生活饮用水源地、动物饲养场、养殖小区和城镇居民区、文化教育科研等人口集中区域及公路、铁路等主要交通干线1 000m以上；距离动物隔离场所、无害化处理场所、动物屠宰加工场所、动物和动物产品集贸市场、动

物诊疗场所 3 000m 以上。

（2）评估要点　现场查看养殖场场区位置与周边环境。

（3）给分原则　部分养殖场要达到规定的隔离距离要求，实际操作难度较大，需现场仔细查看周边环境和隔离设施或措施（例如，树木等自然屏障隔离等），位置独立且能满足有效隔离要求的，得 2 分；位置独立但不能有效隔离的，得 1 分；否则不得分。

9. 场区周围有有效防疫隔离带

（1）概述　防疫隔离带是疫病防控的基础性组成部分，《动物防疫条件审查办法》等规定种猪场周围应有绿化隔离带。

（2）评估要点　现场查看防疫隔离带。防疫隔离带可以是围墙、防风林、灌木、防疫沟或其他的物理隔离形式，有利于切断人员、车辆的自由流动。

（3）给分原则　有防疫隔离带，得 0.5 分；否则不得分。

10. 养殖场防疫标识明显 （有防疫警示标语、标牌）

（1）概述　防疫标识是疫病防控的基础性组成部分。依据有关法规，参照 NY/T 5339 要求，养殖场应设置明显的防疫警示标牌，禁止任何来自可能染疫地区的人员及车辆进入场内。

（2）评估要点　现场查看防疫警示标牌。

（3）给分原则　有明显的防疫警示标识，得 0.5 分；否则不得分。

11. 办公区、生产区、生活区、粪污处理区和无害化处理区完全分开且相距 50m 以上

（1）概述　场区设计和布局应符合《动物防疫条件审查办法》、GB/T 17824、NY/T 682 等规定，设计合理，布局科学。

（2）评估要点　现场查看养殖场布局。生活区一般应位于场区全年主导风向的上风向或侧风向处，与生产区严格分开，距离 50m 以上；辅助生产区设在生产区边缘下风处，饲料加工车间远离饲养区；粪污处理、无害化处理、病猪隔离区（包括兽医室）等隔离区应处于场区全年主导风向的下风向处和场区地势最低处，用围墙或绿化带与生产区隔离，隔离区与生产区通过污道连接。另外，病猪隔离区与生产区距离 300m，粪污处理区与功能地表水体距离 400m。

（3）给分原则　生产区与其他各区皆距离 50m 以上者，得 2 分；其他任意两区未有效分开，得 1 分；生产区与生活区未区分者，不得分。

12. 有独立的采精室，且功能室布局合理，有专用的精液销售区

（1）概述　公猪站应设有独立采精室且布局合理，保证采集精液的质量。同时，设专用精液销售区，做到生产和销售分开，有利于猪场防疫。

（2）评估要点　采精室独立且布局合理，有专用精液销售区。

（3）给分原则　采精室独立且布局合理，得 0.5 分；有专用精液销售区，得 0.5 分；否则不得分。

13. 采精室和精液制备室有效隔离，分别有独立的洗澡更衣室

（1）概述　采精室和精液制备室有效隔离，有利于防止交叉污染。

（2）评估要点　现场查看采精室和精液制备室。

（3）给分原则　采精室和精液制备室有效隔离，得 1 分；分别有独立的洗澡更衣室，得 1 分；否则不得分。

14. 精液制备室、精液质量检测室洁净级别达到万级

（1）概述　为有效防止精液在制备过程受到污染，保证精液质量，精液制备室、精液质量检测室空气洁净度应达到万级。

（2）评估要点　现场查看精液制备室、精液质量检测室，查阅证明空气洁净级别的文件材料。

（3）给分原则　精液制备室、精液质量检测室空气洁净度级别达到万级，得 1.5 分；否则不得分。

15. 有独立的引种隔离舍或后备培育舍

（1）概述　引种隔离在养殖场日常生产工作中占有重要作用。引种隔离舍，作为种公猪站规范化运行内容，有利于降低种猪群疫病传入、传播风险。引种隔离应符合《种畜禽调运检疫技术规范》（GB/T 16567）、NY/T 5339 等规定。

（2）评估要点　现场查看引种隔离舍或后备培育室；查看其是否独立设置。

（3）给分原则　引种隔离舍或后备培育室独立设置，得 1.5 分；否则不得分。

16. 净道与污道完全分开

（1）概述   生产区净道与污道分开是切断动物疫病传播途径的有效手段。按照《动物防疫条件审查办法》规定，生产区内净道、污道分设；污道在下风向；粪污处理和病畜隔离区应有单独通道；运输饲料的道路与污道应分开。

（2）评估要点   现场查看净道、污道设置。

（3）给分原则   净道与污道完全分开，不交叉，得1分；有个别点状交叉但有专项制度规定使用时间及消毒措施，得1分；净道与污道存在部分交叉，得0.5分；净道与污道未区分，不得分。

（三）设施设备

17. 采精室、精液制备室、精液质量检测室有控温、通风换气和消毒设施设备，且运转良好

（1）概述   按照《规模猪场生产技术规程》（GB/T 17824.2）、《猪常温精液生产与保存技术规范》（GB/T 25172）、NY/T 2077 等要求，采精室、精液生产室、精液质量检测室均要有控温、通风换气和消毒设施设备。

（2）评估要点   现场检查采精室、精液制备室、精液质量检测室设备和布局，通风换气和消毒设施设备。

（3）给分原则   具有控温、通风换气和消毒设施设备，得0.5分；设施设备运转良好，得0.5分；否则不得分。

18. 精液分装区域洁净级别达到百级

（1）概述   精液分装区存在样品集中、样品量大的情况，必须有效防止外来污染和交叉污染，保证精液质量，区域洁净级别应达到百级。

（2）评估要点   现场查看能保证区域达到百级洁净级别的设施设备，并能正常运行，查阅能证明区域洁净级别的文件材料。

（3）给分原则   具有能达到百级洁净级别的设施设备，得0.5分；运行正常，得0.5分；否则不得分。

19. 猪舍通风、换气和温控等设施设备运转良好，有独立高效空气过滤系统

（1）概述　通风换气、温度调节设备，是衡量现代化养殖的一项重要参考指标。按照 GB/T 17824.2、《规模猪场环境参数与环境管理》（GB/T 17824.3）、NY/T 2077、《畜禽场环境污染控制技术规范》（NY/T 1169）等要求，种猪舍建设应满足隔热、采光、通风、保温要求，配置降温、防寒、通风设施设备。《畜禽场环境质量标准》（NY/T 388）规定了舍区生态环境应达到的具体指标。

（2）评估要点　现场查看猪舍通风、换气和温控等设施设备。

（3）给分原则　猪舍有通风、换气和温控系统，有独立高效空气过滤系统等设施设备且运转良好，得 2 分；猪舍有通风、换气和温控系统等设施设备但无独立高效空气过滤系统，得 1 分；猪舍无通风、换气和温控系统等设施设备，不得分。

(四) 卫生环保

20. 场区卫生状况良好，垃圾及时处理，无杂物堆放

（1）概述　良好的卫生环境，既体现养殖场现代化管理水平，也体现养殖场对生物安全管理的重视。按照 NY/T 5339 要求，养殖场每天坚持打扫畜舍卫生，保持料槽、水槽、用具干净，地面清洁。按照 GB/T 17824.3、NY/T 2798 要求，污物及时清扫干净，保持环境卫生。及时清除杂草和水坑等蚊蝇滋生地，消灭蚊蝇。

（2）评估要点　现场查看场区内垃圾集中堆放，位置是否合理，有否杂物堆放。

（3）给分原则　场区卫生状况良好，无垃圾杂物堆放，得 1 分；否则不得分。

21. 能实现雨污分流

（1）概述　为保持种公猪站环境卫生，减少疫病传播风险，防止对外界环境的污染，应做到雨水、污水的分流排放。按照《规模猪场清洁生产技术规范》（GB/T 32149）要求，场区的雨水和污水排放设施设备应分离，污水应采用暗沟或地下管道排入粪污处理区。

（2）评估要点　现场查看雨污分流排放情况。

（3）给分原则　能实现雨污分流，得 1 分；否则不得分。

22. 生产区具备有效的防鼠、防虫媒、防犬猫进入的设施设备或措施

（1）概述　鼠、虫、犬猫、鸟类常携带多种病原体，对种猪场养殖具有较大威胁。按照《动物防疫条件审查办法》要求，种畜禽场应有必要的防鼠、防鸟、防虫设施设备或者措施。按照 NY/T 2798 要求，种猪场应采取措施控制啮齿类动物和虫害，防止污染饲料，要定时定点投放灭鼠药，对废弃鼠药和毒死鸟鼠等，按国家有关规定处理。

（2）评估要点　现场查看猪场内环境卫生，尤其是低洼地带、墙基、地面；查看饲料存储间的防鼠设施设备；查看猪舍外墙角的防鼠碎石/沟；查看防鼠的措施和制度；向养殖场工作人员了解防鼠灭鼠措施和设施设备。

（3）给分原则　有防鼠害的措施和制度，饲料存储间、猪舍外墙角有必要的防鼠设施设备，日常开展防鼠灭鼠工作，能够有效防鼠，得 1 分；否则不得分。

23. 粪便及时清理、转运；存放地点有防雨、防渗漏、防溢流措施

（1）概述　养殖场清粪工艺、频次，粪便堆放、处理应按照《畜禽粪便贮存设施设计要求》（GB/T 27622）、NY/T 2077、《畜禽粪便无害化处理技术规范》（NY/T 1168）、《畜禽粪便安全使用准则》（NY/T 1334）等执行。采取干清粪工艺，日产日清；收集过程采取防扬撒、防流失、防渗透等工艺；粪便定点堆积；储存场所有防雨、防渗透、防溢流措施；实行生物发酵等粪便无害化处理工艺应达到《粪便无害化卫生要求》（GB/T 7959）规定。利用无害化处理后的粪便生产有机肥，应符合《有机肥料》（NY/T 525）规定；生产复混肥，应符合《有机-无机复混肥料》（GB/T 18877）的规定。未经无害化处理的粪便，不得直接施用。养殖场发生重大动物疫情时，按照防疫有关要求处理粪便。

（2）评估要点　现场查看猪粪储存设施设备和场所。

（3）给分原则　有固定的猪粪储存、堆放设施设备和场所，得 1 分；有防雨、防渗漏、防溢流措施，得 1 分；否则不得分。

24. 水质检测符合人畜饮水卫生标准

（1）概述　水与畜禽生命关系密切，是其机体的重要组成部分，因水质导

致畜禽疫病或死亡，也一定程度上影响公共卫生安全。根据 GB/T 17824 要求，畜禽场饮用水水质应达到《生活饮用水卫生标准》（GB/T 5749）或《无公害食品 畜禽饮用水水质》（NY/T 5027）要求。《畜禽场环境质量及卫生控制规范》（NY/T 1167）、NY/T 2798 要求养殖场应定期检测饮用水质，定期清洗和消毒供水、饮水设施设备。

（2）评估要点 查看有资质实验室出具的水质检测报告。

（3）给分原则 有相关部门水质检测报告且满足 GB/T 5749 或 NY/T 5027 要求，得 1 分；否则不得分。

25. 具有县级以上环保行政主管部门的环评验收报告或许可

（1）概述 《畜禽规模养殖污染防治条例》规定：新、改、扩建养殖场，应当满足动物防疫条件，并进行环境影响评价。项目按照其对环境的影响程度分别编制环境影响报告书、报告表、登记表。

（2）评估要点 查看县级以上环保行政主管部门的环评验收报告或许可。

（3）给分原则 具有县级以上环保行政主管部门的环评验收报告或许可，得 1 分；否则不得分。

（五）无害化处理

26. 粪污无害化处理符合生物安全要求

（1）概述 按照 NY/T 2077 要求，种公猪站的粪污处理设施设备应与生产设施设备同步设计、同时施工、同时投产使用，其处理能力和处理效率应与生产规模相匹配。种公猪站宜采用堆肥发酵方式对粪污进行无害化处理，处理结果应符合 NY/T 1168 的要求。达到《畜禽养殖业污染物排放标准》（GB/T 18596）排放标准。

（2）评估要点 粪污处理设施设备和处理能力是否与生产规模相匹配，是否采用堆肥发酵等方式对粪污进行无害化处理。

（3）给分原则 粪污处理设施设备和处理能力与生产规模相匹配，处理结果证明符合 NY/T 1168 相关要求，得 1 分；否则不得分。

27. 建立了病死猪、废弃物及粪污无害化处理制度

（1）概述 《动物防疫条件审查办法》、NY/T 1569 要求，畜禽养殖场应建

立对病、死畜禽的治疗、隔离、处理制度；废弃物及粪污无害化处理制度。

（2）评估要点   查阅病死猪、废弃物及粪污无害化处理制度。

（3）给分原则   建立了病死猪、废弃物及粪污无害化处理制度，得 1 分；否则不得分。

28. 病死猪无害化处理设施设备或措施运转有效并符合生物安全要求

（1）概述   《畜禽规模养殖污染防治条例》《动物防疫条件审查办法》、NY/T 2077 等法规规定，养殖场应具备病死猪无害化处理设施设备。按照 GB/T 32149、NY/T 2798、NY/T 5339 要求，病死及病害动物和相关动物产品、污染物应按照《病死及病害动物无害化处理技术规范》进行无害化处理，相关消毒工作按《畜禽产品消毒规范》（GB/T 16569）进行消毒。

（2）评估要点   现场查看病死猪无害化处理设施设备。

（3）给分原则   配备焚烧炉、化尸池或其他病死猪无害化处理设施设备且运转正常，或具有其他有效的动物无害化处理设施设备，得 2 分；配备焚烧炉、化尸池或其他病死猪无害化处理设施设备但未正常运转，得 1 分；否则不得分。或是，由地方政府统一收集进行无害化处理且当日不能拉走的，场内有病死动物低温暂存间并能够提供完整记录，得 2 分；记录不完整，得 1 分；否则不得分。

29. 有完整的病死猪无害化处理记录并具有可追溯性

（1）概述   病死猪无害化处理既是猪场疫病净化的主要内容，也是平时开展疫病诊断、预防的重要环节，处理记录应具有可追溯性。养殖场无害化处理记录内容应按 NY/T 1569 规定填写。

（2）评估要点   查阅相关档案，抽取病死猪记录，追溯其隔离、淘汰、诊疗、无害化处理等相关记录。

（3）给分原则   病死猪处理档案记录完整、可追溯，得 1 分；病死猪处理档案不完整，得 0.5 分；无病死猪处理档案不得分。

30. 无害化处理记录保存 3 年以上

（1）概述   按照《病死及病害动物无害化处理技术规范》要求，相关记录应由相关负责人员签字并妥善保存 2 年以上。为了全面掌握养殖场疫病净化工作开展情况，净化场无害化处理记录应保存 3 年以上。

（2）评估要点　查阅近 3 年病死猪无害化处理档案及相关档案（建场不足 3 年，查阅自建场之日起档案）。

（3）给分原则　病死猪无害化处理记录保存 3 年及以上（或自建场之日起），得 1 分；档案保存不足 3 年，得 0.5 分；无档案不得分。

31. 有病死猪死亡原因分析

（1）概述　发生病猪死亡，应及时开展临床检查及实验室诊断，同时开展流行病学调查，分析病死原因，为开展本场动物疫病防控提供科学依据。

（2）评估要点　现场查看病死猪死亡原因分析报告。

（3）给分原则　有病死猪死亡原因分析报告，得 1 分；否则不得分。

32. 淘汰猪处理记录完整，并保存 3 年以上

（1）概述　淘汰猪处理记录需要保存 3 年以上，以便于掌握场内相关情况。

（2）评估要点　查阅近 3 年淘汰猪处理档案。

（3）给分原则　档案保存期 3 年及以上，得 1 分；档案保存期不足 3 年，得 0.5 分；无档案不得分。

（六）消毒管理

33. 有完善的消毒管理制度

（1）概述　养殖场应建立健全消毒制度，消毒制度应按照 NY/T 1569、NY/T 2798 等要求，结合本场实际制定。

（2）评估要点　现场检查消毒管理制度。

（3）给分原则　有完善的消毒管理制度，得 1 分；有制度但不完整，得 0.5 分；无制度不得分。

34. 场区入口有有效的人员消毒设施设备及覆盖全车的车辆消毒设施设备

（1）概述　入场车辆是动物疫病传入的关键风险点之一。按照《动物防疫条件审查办法》、NY/T 5339 等要求，场区出入口处设置与门同宽的车辆消毒池和消

毒室。也可按照 NY/T 2798 规定，在场区入口设置能满足进出车辆消毒要求的设施设备。经兽医管理人员许可，外来人员应在消毒后穿专用工作服进入场区。

（2）评估要点　现场查看消毒设施设备。

（3）给分原则　场区入口有车辆消毒池、消毒室和消毒设施设备，且能满足车辆、人员消毒要求，得 1 分；仅有消毒池或设施设备但无法完全满足车辆消毒要求，得 0.5 分；否则不得分。

35. 有严格的车辆及人员出入场区消毒及管理制度

（1）概述　养殖场应按照 NY/T 1569 要求，建立出入场区消毒管理制度和岗位操作规程，明确对出入车辆和人员的控制、消毒措施和效果。

（2）评估要点　查阅车辆及人员出入管理制度。

（3）给分原则　建立了车辆及人员出入场区消毒及管理制度，得 1 分；否则不得分。

36. 车辆及人员出入场区消毒管理制度执行良好并记录完整

（1）概述　对车辆及人员出入和消毒情况进行记录，记录内容参照 NY/T 2798 设置。

（2）评估要点　查阅车辆及人员出入记录、现场观察。

（3）给分原则　严格执行车辆及人员出入场区消毒管理制度并记录完整，得 1 分；执行不到位或记录不完整，得 0.5 分；否则不得分。

37. 生产区入口有有效的人员消毒、淋浴设施设备

（1）概述　按照《动物防疫条件审查办法》、NY/T 2798、NY/T 5339 等要求，生产区入口处应设置更衣消毒室。消毒通道应有地面消毒和紫外线消毒。

（2）评估要点　现场查看消毒、淋浴设施设备。

（3）给分原则　生产区入口有人员消毒、淋浴设施设备，运行有效，得 1 分；生产区入口有人员消毒、淋浴设施设备但不能完全满足消毒要求，得 0.5 分；否则不得分。

38. 有严格的人员进入生产区消毒及管理制度

（1）概述　按照《动物防疫条件审查办法》、NY/T 2798、NY/T 5339 等要

求制定人员进入生产区管理制度。明确本场职工、外来人员进入生产区的管理及消毒规程。按照 NY/T 2798 要求，应建立出入登记制度，非生产人员未经许可不得进入生产区；人员进入生产区，应穿工作服经过消毒间，洗手消毒后方可入场并遵守场内防疫制度。

（2）评估要点　查阅人员出入生产区消毒及管理制度。

（3）给分原则　建立了人员出入生产区消毒及管理制度，得 1 分；否则不得分。

39. 人员及投入品进入生产区消毒及管理制度执行良好并记录完整

（1）概述　对人员及投入品出入和消毒情况进行记录，记录内容参照 NY/T 2798 设置。

（2）评估要点　查阅人员出入生产区记录。

（3）给分原则　人员出入生产区消毒及管理制度执行良好并记录完整，得 1 分；否则不得分。

40. 生产区内部有定期消毒措施且执行良好

（1）概述　生产区内消毒是消灭病原、切断传播途径的有效手段，猪舍、周围环境、猪体、用具等消毒措施应符合 NY/T 5339、NY/T 2798 相关规定。

（2）评估要点　现场查看，并查阅相关消毒制度和岗位操作规程；查看相关记录。

（3）给分原则　有定期消毒制度和措施，执行良好且记录完整，得 1 分；执行不到位或记录不完整，得 0.5 分；否则不得分。

41. 精液采集、传递、配置、储存等各生产环节符合生物安全要求

（1）概述　精液采集、传递、配置和储存的各个环节均具有操作规程，能够有效保证精液的整个生产过程安全有效，保证精液质量。

（2）评估要点　现场查看采精操作流程、精液传递流程、精液配置步骤和精液储存程序等。

（3）给分原则　各环节均符合生物安全要求，得 1 分；部分符合，得 0.5 分；否则不得分。

42. 采精室、各功能室及生产用器具定期消毒，记录完整

（1）概述　采精室、各功能室及生产用器具定期消毒是消灭病原、切断传播

途径的有效手段，消毒措施应符合 NY/T 5339、NY/T 2798 相关规定。

（2）评估要点　现场查看采精室、各功能室及生产用器具，并查阅相关消毒记录。

（3）给分原则　有消毒措施且记录完整，得1分；没有不得分。

43. 有消毒剂配制和管理制度

（1）概述　科学合理地选择消毒剂种类和消毒方法，可以更有效地杀灭病原微生物。养殖场要制定具体的消毒剂配制和管理制度，且制度中应包括建立科学消毒方法、合理选择消毒剂、明确消毒液配制和定期更换等技术性措施。

（2）评估要点　查阅消毒剂配制、使用管理制度。

（3）给分原则　相关制度完整，得0.5分；否则不得分。

44. 消毒液定期更换，配制及更换记录完整

（1）概述　养殖场要严格执行本场制定的消毒剂配制和管理制度，必须定期更换消毒液，日常的消毒液配制及更换记录应详细完整。

（2）评估要点　查阅消毒剂配制和更换记录。

（3）给分原则　定期更换消毒液，有配制和更换记录，得0.5分；否则不得分。

（七）生产管理

45. 制定了投入品（含饲料、兽药、生物制品）使用管理制度，执行良好并记录完整

（1）概述　养殖场应按照《畜牧法》《中华人民共和国农产品质量安全法》《畜禽标识和养殖档案管理办法》《饲料和饲料添加剂管理条例》和《兽药管理条例》等法律法规，建立投入品管理和使用制度，并严格执行。NY/T 2798 等规定，购进饲料及饲料添加剂，应符合《饲料卫生标准》（GB/T 13078）的规定及其产品质量标准，不得添加农业农村部公布的禁用物质；购进的牧草不得来自疫区；购进的兽药应符合《中华人民共和国兽药典》等规定，不得添加农业农村部公告中禁止使用的药品和其他化合物。饲料和饲料添加剂的使用，应符合《无公害食品　畜禽饲料和饲料添加剂使用准则》（NY/T 5032）的规定；兽药的使用，

应符合《无公害农产品　兽药使用准则》（NY/T 5030）、《饲料药物添加剂使用规范》的规定。

（2）评估要点　查阅养殖场管理制度，是否涵盖饲料、兽药、生物制品使用管理制度。

（3）给分原则　建立了投入品（含饲料、兽药、生物制品）使用管理制度并执行良好、记录完整，得 1 分；建立了投入品（含饲料、兽药、生物制品）使用管理制度但执行较差、记录不全，得 0.5 分；否则不得分。

46. 饲料、药物、疫苗等不同类型的投入品分类分开储藏，标识清晰

（1）概述　养殖场饲料、兽药、生物制品等不同类型的投入品应分类储存，防止污染和交叉污染。投入品储存按照 NY/T 2798 规定执行。饲料库和配料库中不同类型的饲料应分类存放，先进先出；添加兽药的饲料与其他饲料分开储藏；不同类别的兽药和生物制品按说明书规定分类储存；投入品储存状态标示清楚，有安全保护措施。

（2）评估要点　现场查看饲料、药物、疫苗等不同类型的投入品储藏状态和标识。

（3）给分原则　各类投入品按规定要求分类储藏，标识清晰，得 1 分；否则不得分。

47. 有种公猪精液生产技术规程并严格遵照执行，有保存完整的 3 年以上的档案记录

（1）概述　按照 GB/T 25172 规定，种公猪站必须有种公猪精液生产技术规程，包括精液的采集、精液质量检测、精液稀释分装与保存等，是保证种公猪精液可追溯性及精液质量的基础。

（2）评估要点　现场查看精液生产状态及档案记录。

（3）给分原则　有精液生产技术规程，严格遵照执行并保存完整档案记录 3 年以上得 1 分；否则不得分。

48. 有精液质量检测技术规程并严格遵照执行，有保存完整的 3 年以上档案记录

（1）概述　按照 GB/T 25172 规定，种公猪站必须有精液质量检测技术规

程，主要是对精液体积、密度和活力进行检测，以准确计算并生产出符合标准的精液。

（2）评估要点　现场查看精液检测技术规程及档案记录。

（3）给分原则　有精液生产技术规程，严格遵照执行并保存完整档案记录 3 年以上，得 1 分；否则不得分。

49. 有种公猪饲养管理技术规程并严格遵照执行，有保存完整的 3 年以上档案记录

（1）概述　种公猪饲养管理技术规程包括公猪舍的环境控制、采精频率、公猪的运动、公猪的饲喂量及饲喂次数、种公猪的免疫以及种公猪的调教等。良好的种公猪饲养管理技术规程，可以保证种公猪始终处于精力旺盛状态，产生高质量的精液，降低优秀公猪的淘汰率。

（2）评估要点　查看种公猪饲养管理技术规程及记录。

（3）给分原则　有种公猪饲养管理技术规程，严格遵照执行并保存完整档案记录 3 年以上，得 1 分；否则不得分。

50. 采精和精液分装由不同的工作人员完成

（1）概述　采精和精液分装的工作环境不同，所需的洁净程度不同，为防止精液外来污染或交叉污染，因而需不同的工作人员来完成。

（2）评估要点　查看采精记录和精液分装记录，重点查看采精员姓名和精液分装人员姓名记录。

（3）给分原则　采精人员和精液分装人员分开的，得 1 分；未分开的不得分。

51. 有日常健康巡查制度及记录

（1）概述　建立健康巡查制度能及时发现可疑现象并采取防控措施，将发病范围控制到最小，损失降到最低。

（2）评估要点　查阅养殖场健康巡查制度及记录。

（3）给分原则　建立了健康巡查制度并执行良好、记录完整，得 1 分；执行不到位或者记录不完整，得 0.5 分；否则不得分。

（八）防疫管理

52. 有常见疫病防治规程及突发动物疫病应急预案

（1）概述　对于生产中的常见病，严重影响种公猪生产，种公猪站应按照 NY/T 2798 等规定，根据本场卫生防疫制度，建立常见疫病防治规程和处理方案。同时，养殖场应按照 NY/T 5339、NY/T 2798 有关要求，建立突发动物疫病应急预案，本场或本地发生疫情时做好应急处置。

（2）评估要点　查阅常见疫病防治规程和处理方案。查阅突发动物疫病应急预案。查阅相关档案记录。

（3）给分原则　有完善的常见疫病防治规程和处理方案得 1 分，不完善得 0.5 分；有完善的突发动物疫病应急预案得 1 分，不完善得 0.5 分；既无防治规程，又无应急预案，不得分。

53. 动物发病、兽医诊疗与用药记录完整

（1）概述　养殖场应按照 NY/T 1569、NY/T 5030、NY/T 5339 规定，完善诊疗和兽药使用记录。记录内容应不少于 NY/T 2798 所列各项。

（2）评估要点　查阅至少近 3 年以来的动物发病、兽医诊疗与用药记录；养殖场创建不足 3 年的，要查阅建场以来所有的动物发病、兽医诊疗与用药记录。

（3）给分原则　有完整的 3 年及以上动物发病、兽医诊疗与用药记录，得 1 分；有兽医诊疗与用药记录但未完整记录或保存不足 3 年，得 0.5 分；否则不得分。

54. 有阶段性疫病流行记录或定期猪群健康状态分析总结

（1）概述　全面记录分析、总结养殖场内阶段性疫病流行或定期猪群健康状态，可掌握养殖场内疫病流行形势，有利于疫病的综合防控。NY/T 1569 要求，养殖场应该建立对生产过程的监控方案，同时建立内部审核制度。养殖场应定期分析、总结生产过程中各项制度、规程及猪群健康状况。按照 NY/T 5339 规定，动物群体相关记录具体内容包括：畜种及来源、生产性能、饲料来源及消耗、兽药使用及免疫、日常消毒、发病情况、实验室检测及结果、死亡率及死亡原因、无害化处理情况等。按照 NY/T 1569、NY/T 2798 规定的填写内容要求，猪群

发病记录与养殖场诊疗记录可合并；阶段性疫病流行或定期猪群健康状态分析可结合周期性内审或年度工作报告一并进行。

（2）评估要点 查阅养殖场阶段性疫病流行记录或猪群健康状态分析总结。

（3）给分原则 有相应的记录或分析总结，记录或总结详尽完整，得 2 分；不完整，得 1 分；否则不得分。

（九）种源管理

55. 建立了科学合理的引种管理制度、执行良好并有完整记录

（1）概述 养殖场应建立引种管理制度，规范引种行为。引种申报及隔离符合 NY/T 5339、NY/T 2798 规定。引进的活体动物、精液实施分类管理，从购买、隔离、检测、混群等方面应做出详细规定，并完整记录引种相关各项工作，保证记录的可追溯性。

（2）评估要点 现场查阅养殖场的引种管理制度及引种记录。

（3）给分原则 建立了科学合理的引种管理制度，严格执行引种管理制度且引种记录规范完整，得 2 分；否则不得分。

56. 有引种隔离管理制度，执行良好并有完整记录

（1）概述 按照 GB/T 17824.2 规定对引进种猪隔离观察，经当地动物卫生监督机构检查确定健康合格后，方可并群饲养。

（2）评估要点 查阅引种隔离管理制度及隔离观察记录。

（3）给分原则 有引种隔离管理制度且记录完整，得 2 分；否则不得分。

57. 国内引种来源于取得种畜禽生产经营许可证的种猪场，国外引入种猪符合相关规定

（1）概述 按照 NY/T 5339、NY/T 2798 关于引种的要求，养殖场应提供相关资料及证明：输出地为非疫区；省内调运种猪的，输出地县级动物卫生监督机构按照《生猪产地检疫规程》检疫合格；跨省调运须经输入地省级动物卫生监督机构审批，按照《跨省调运乳用种用动物产地检疫规程》检疫合格；运输工具需彻底清洗消毒，持有动物及动物产品运载工具消毒证明；输出方应提供的相关经营资质材料；国外引进种猪或精液的，应持国务院畜牧兽医行政主管部门签发

的审批意见及出入境检验检疫系统出具的检测报告。

（2）评估要点　查阅种猪供应单位相关资质材料复印件；查阅外购种猪、精液的种畜禽合格证；查阅调运相关申报程序文件资料；查阅输出地动物卫生监督机构出具的动物检疫合格证明、运输工具消毒证明或进出口相关管理部门出具的检测报告；查阅输入地动物卫生监督机构解除隔离时的检疫合格证明或资料。

（3）给分原则　满足上述所有条件，得1分；否则不得分。

58. ＊国内引入种猪入场前猪瘟病毒检测结果阴性，国外引入种猪入场前猪瘟病毒抗体检测阴性

（1）概述　按照NY/T 5339、NY/T 2798关于引种的要求，国内引入种猪的猪瘟病毒检测结果全部阴性；国外引入种猪的猪瘟抗体检测结果全部阴性。

（2）评估要点　相关实验室猪瘟检测报告。

（3）给分原则　国内引入种猪的有猪瘟病毒检测报告且结果全部阴性；国外引入种猪的有猪瘟病毒抗体检测报告且结果全部阴性，得2分；否则不得分。

59. ＊国内引入种猪入场前猪口蹄疫病毒检测结果阴性，国外引入种猪入场前口蹄疫病毒抗体检测阴性

（1）概述　按照NY/T 5339、NY/T 2798关于引种的要求，国内引入种猪的口蹄疫病毒检测结果全部阴性；国外引入种猪的口蹄疫抗体检测结果全部阴性。

（2）评估要点　相关实验室口蹄疫检测报告。

（3）给分原则　国内引入种猪的有口蹄疫病毒检测报告且结果全部阴性，国外引入种猪的有口蹄疫病毒抗体检测报告且结果全部阴性，得2分；否则不得分。

60. ＊国内引入种猪入场前猪伪狂犬病病毒或感染抗体检测结果阴性，国外引入种猪入场前猪伪狂犬病病毒抗体检测阴性

（1）概述　按照NY/T 5339、NY/T 2798关于引种的要求，国内引入种猪

的猪伪狂犬病病毒或感染抗体检测结果全部为阴性；国外引入种猪的猪伪狂犬病毒抗体检测结果全部为阴性。

（2）评估要点　相关实验室猪伪狂犬病检测报告。

（3）给分原则　国内引入种猪的有猪伪狂犬病病毒或感染抗体检测报告且结果全部为阴性，国外引入种猪的有猪伪狂犬病抗体检测报告且结果全部为阴性，得 2 分；否则不得分。

61. * 引入种猪入场前猪繁殖与呼吸综合征病原和病毒抗体检测结果均为阴性

（1）概述　按照 NY/T 5339、NY/T 2798 关于引种的要求，引入种猪的猪繁殖与呼吸综合征病原和病毒抗体检测结果均为阴性。

（2）评估要点　相关实验室猪繁殖与呼吸综合征检测报告。

（3）给分原则　有猪繁殖与呼吸综合征病原和病毒抗体检测报告且结果均为阴性，得 2 分；否则不得分。

62. 有 3 年以上的精液销售、使用记录

（1）概述　按照 NY/T 2798，建立精液销售、使用记录，及时跟踪去向，在发生疫情时可根据销售记录进行追溯。

（2）评估要点　查阅近 3 年精液销售、使用记录。

（3）给分原则　有近 3 年精液销售、使用记录并且清晰完整，得 1 分；销售、使用记录不满 3 年或记录不完整，得 0.5 分；无销售、使用记录不得分。

63. 本场供给精液有猪繁殖与呼吸综合征病毒/猪伪狂犬病病毒/猪瘟病毒的定期抽检记录

（1）概述　对销售的精液进行疫病抽检能保证产品的安全和质量，提高销售者的责任意识。

（2）评估要点　查阅本场供给精液的猪繁殖与呼吸综合征病毒、猪伪狂犬病病毒、猪瘟病毒抽检记录。

（3）给分原则　有完整供给精液的猪繁殖与呼吸综合征病毒、猪伪狂犬病病毒、猪瘟病毒抽检记录，得 4 分；病种不全、记录不全，酌情扣分；没有抽检记录的，不得分。

（十）监测净化

64. 有猪瘟年度（或更短周期）监测方案并切实可行

65. 有口蹄疫年度（或更短周期）监测方案并切实可行

66. 有猪繁殖与呼吸综合征年度（或更短周期）监测方案并切实可行

67. 有猪伪狂犬病年度（或更短周期）监测方案并切实可行

（1）概述　猪瘟、口蹄疫、猪繁殖与呼吸综合征、猪伪狂犬病是种公猪站重点监测净化的动物疫病。有计划、科学合理地开展主要动物疫病的监测工作，是疫病防控、净化的基础，是保持动物群体健康状态的关键。按照 NY/T 5339、NY/T 2798 要求，养殖场应制订并实施疫病监测方案，常规监测的疫病应包括猪瘟、口蹄疫、猪繁殖与呼吸综合征、猪伪狂犬病。养殖场应接受并配合当地动物防疫机构进行定期不定期的疫病监测工作。

养殖场应根据监测结果，制订场内疫病控制计划，隔离并淘汰病畜，逐步消灭疫病。

（2）评估要点　查阅近 1 年养殖场猪瘟、口蹄疫、猪繁殖与呼吸综合征、猪伪狂犬病监测方案，包括不同群体的免疫抗体水平和病原感染状况；评估监测方案是否符合本地、本场实际情况。

（3）给分原则

64 条：有猪瘟年度监测方案并切实可行，得 1 分；有监测方案但缺乏可行性，得 0.5 分；没有猪瘟年度监测方案，不得分。

65 条：有口蹄疫年度监测方案并切实可行，得 1 分；有监测方案但缺乏可行性，得 0.5 分；没有口蹄疫年度监测方案，不得分。

66 条：有猪繁殖与呼吸综合征年度监测方案并切实可行，得 1 分；有监测方案但缺乏可行性，得 0.5 分；没有猪繁殖与呼吸综合征年度监测方案，不得分。

67 条：有猪伪狂犬病年度监测方案并切实可行，得 1 分；有监测方案但缺乏可行性，得 0.5 分；没有猪伪狂犬病年度监测方案，不得分。

68. *检测记录能追溯到种公猪个体的唯一性标识（如耳标号）

（1）概述   养殖场按照《畜禽标识和养殖档案管理办法》、NY/T 2798 规定，对种公猪加以唯一性标识，建立种公猪唯一性标识和有效运行的追溯制度。检测记录样品号码与唯一性标识要一致，确保检测记录能追溯到相关动物的唯一性标识。种公猪站根据检测结果对不符合种猪要求的猪进行隔离、扑杀或淘汰，检测记录是否能溯源决定着处置结果。

（2）评估要点   检测记录，现场查看是否能追溯到每一头猪。

（3）给分原则   抽查检测记录能追溯到相关动物的唯一性标识，得2分；否则不得分。

69. *检测报告保存3年以上

（1）概述   养殖场应按照 NY/T 5339 等要求，按照监测方案开展检测，并出具检测报告。

（2）评估要点   查阅近3年检测报告。

（3）给分原则   按照监测方案所要求的检测频率、检测数量、动物养殖阶段、检测病种、检测项目，与相应检测报告差距较大的，不得分；检测报告保存期不足3年的，少1年扣1分。

70. *有口蹄疫/猪瘟/猪繁殖与呼吸综合征/猪伪狂犬病净化维持方案，并切实可行

（1）概述   种公猪站应主动开展动物疫病净化工作，制订科学合理的净化维持方案，具有可操作性。

（2）评估要点   查阅口蹄疫/猪瘟/猪繁殖与呼吸综合征/猪伪狂犬病净化维持方案，评估方案是否结合本场实际情况，是否具有可行性。

（3）给分原则   有以上任一病种的净化维持方案，并切实可行，得2分；有净化维持方案，但不够完善、不够可行，得1分；否则不得分。

71. *有净化工作记录，记录保存3年以上

（1）概述   对净化工作实施情况进行全面的记录和保存，是提高养殖场疫病防控、净化综合管理能力的有效手段。

（2）评估要点 查阅口蹄疫/猪瘟/猪繁殖与呼吸综合征/猪伪狂犬病净化工作记录。

（3）给分原则 有以上任一病种的净化工作记录并保存3年以上，得1.5分；缺少1年，扣0.5分，扣完为止。

72. 有检测试剂购置、委托检验凭证或其他与检验报告相符的证明材料，实际检测数量与应检测数量基本一致

（1）概述 持续监测是养殖场开展疫病净化的基础，检测活动须有相应购买清单或委托检测凭证予以证明。

（2）评估要点 查阅养殖场检测试剂购置或委托检测凭证，并核实是否与检测量相符。

（3）给分原则 有检测试剂购置或委托检测凭证且与检测量相符，得1.5分；有检测试剂购置或委托检测凭证但与检测量不相符，得1分；无检测试剂购置或委托检测凭证，不得分。

73. *具有近3年有资质的兽医实验室监督检测报告，并且申报评估病种病原检测结果阴性

（1）概述 为全面了解种公猪站的疫病净化工作，科学评估疫病净化工作成效，要求提供近3年有资质的兽医实验室监督检测报告。

（2）评估要点 查阅近3年有资质的兽医实验室（即通过农业农村部实验室考核、通过实验室资质认定或CNAS认可的兽医实验室）监督检测报告。

（3）给分原则 有近3年有资质的兽医实验室监督检测报告，得3分，缺1年扣1分，扣完为止；申报评估病种病原检测结果为阴性，得1分；检测有阳性不得分。

三、现场评估结果

净化示范场总分不低于90分，且关键项（*项）全部满分，为现场评估通过。

四、附录

附 录 A

（国家法律法规）

《中华人民共和国畜牧法》

《中华人民共和国动物防疫法》

《中华人民共和国农产品质量安全法》

附 录 B

（国家标准）

GB/T 17824.1—2008	规模猪场建设
GB/T 16567—1996	种畜禽调运检疫技术规范
GB/T 17824.2—2008	规模猪场生产技术规程
GB/T 25172—2010	猪常温精液生产与保存技术规范
GB/T 17824.3—2008	规模猪场环境参数与环境管理
GB/T 32149—2015	规模猪场清洁生产技术规范
GB/T 27622—2011	畜禽粪便贮存设施设计要求
GB/T 7959—2012	粪便无害化卫生要求
GB/T 18877—2009	有机-无机复混肥料
GB/T 5749—2006	生活饮用水卫生标准
GB/T 18596—2001	畜禽养殖业污染物排放标准
GB/T 16569—1996	畜禽产品消毒规范
GB/T 13078—2001	饲料卫生标准

附 录 C

（农业行业标准）

NY/T 1569—2007	畜禽养殖场质量管理体系建设通则
NY/T 2798—2015	无公害农产品　生产质量安全控制技术规范
NY/T 5339—2006	无公害食品　畜禽饲养兽医防疫准则
NY/T 2968—2016	种猪场建设标准
NY/T 2077—2011	种公猪站建设技术规范
NY/T 682—2003	畜禽场场区设计技术规范

NY/T 1169—2006	畜禽场环境污染控制技术规范
NY/T 388—1999	畜禽场环境质量标准
NY/T 1168—2006	畜禽粪便无害化处理技术规范
NY/T 1334—2007	畜禽粪便安全使用准则
NY/T 525—2012	有机肥料
NY/T 5027—2008	无公害食品　畜禽饮用水水质
NY/T 1167—2006	畜禽场环境质量及卫生控制规范
NY/T 5032—2006	无公害食品　畜禽饲料和饲料添加剂使用准则
NY/T 5030—2016	无公害农产品　兽药使用准则

附　录　D
（农业农村部下发相关文件）

《畜禽标识和养殖档案管理办法》

《动物防疫条件审查办法》

《种畜禽管理条例》

《畜禽规模养殖污染防治条例》

《兽用处方药和非处方药管理办法》

《执业兽医管理办法》

《病死及病害动物无害化处理技术规范》

《饲料和饲料添加剂管理条例》

《兽药管理条例》

《中华人民共和国兽药典》

《饲料药物添加剂使用规范》

《生猪产地检疫规程》

《跨省调运乳用种用动物产地检疫规程》

第六章

种公牛站主要
疫病净化评估
标准及释义

第一节　净化评估标准

一、口蹄疫

（一）净化评估标准

同时满足以下要求，视为达到**免疫无疫标准：**

（1）采精公牛、后备公牛抽检，应免口蹄疫免疫抗体合格率90％以上。

（2）采精公牛、后备公牛抽检，口蹄疫病原学检测均为阴性。

（3）连续2年以上无临床病例。

（4）现场综合审查通过。

（二）抽样检测

具体抽样检测要求见表6-1。

表6-1　免疫无疫评估实验室检测要求

检测项目	检测方法	抽样种群	抽样数量	样本类型
病原学检测	PCR	采精公牛	存栏量50头以下，100％采样；存栏量50头以上，按照证明无疫公式计算（CL＝95％，P＝3％）；随机抽样，覆盖不同栋舍牛群	O-P液
		后备公牛	100％抽样	
抗体检测	ELISA	采精公牛	按照预估期望值公式计算（CL＝95％，P＝90％，e＝10％）；随机抽样，覆盖不同栋舍牛群	血清
		后备公牛	100％抽样	

二、布鲁氏菌病

（一）净化评估标准

同时满足以下要求，视为达到**净化标准：**

(1) 采精公牛、后备公牛抽检，布鲁氏菌抗体检测均为阴性。

(2) 连续 2 年以上无临床病例。

(3) 现场综合审查通过。

（二）抽样检测

具体抽样检测要求见表 6-2。

表 6-2 净化评估实验室检测要求

检测项目	检测方法	抽样种群	抽样数量	样本类型
抗体检测	虎红平板凝集试验初筛及试管凝集试验确诊（或 C-ELISA 试验确诊）	采精公牛	存栏量 50 头以下，100％采样；存栏量 50 头以上，按照证明无疫公式计算（CL＝95％，P＝3％）；随机抽样，覆盖不同栋舍牛群	血清
		后备公牛	100％抽样	

三、牛结核病

（一）净化评估标准

同时满足以下要求，视为达到**净化标准：**

(1) 采精公牛、后备公牛抽检，牛结核菌素皮内比较变态反应阴性。

(2) 连续 2 年以上无临床病例。

(3) 现场综合审查通过。

（二）抽样检测

具体抽样检测要求见表 6-3。

表 6-3 净化评估实验室检测要求

检测项目	检测方法	抽样种群	抽样数量	样本类型
免疫反应	牛结核菌素皮内比较变态反应	采精公牛	存栏量 50 头以下，100％采样；存栏量 50 头以上，按照证明无疫公式计算（CL＝95％，P＝3％）；随机抽样，覆盖不同栋舍牛群	牛体
		后备公牛	100％抽样	

第二节　现场综合审查评分表

现场综合审查评分表见表 6-4。

表 6-4　现场综合审查评分表

类别	编号	具体内容及评分标准	关键项	分值
必备条件	Ⅰ	土地使用符合相关法律法规与区域内土地使用规划，场址选择符合《中华人民共和国畜牧法》和《中华人民共和国动物防疫法》有关规定		必备条件
	Ⅱ	具有县级以上畜牧兽医行政主管部门备案登记证明，并按照农业农村部《畜禽标识和养殖档案管理办法》要求，建立养殖档案		
	Ⅲ	具有县级以上畜牧兽医部门颁发的动物防疫条件合格证，2 年内无重大动物疫病和产品质量安全事件发生记录		
	Ⅳ	种畜禽养殖企业具有省级以上畜牧兽医部门颁发的种畜禽生产经营许可证		
	Ⅴ	采精种用公牛存栏不少于 50 头		
	Ⅵ	有病死动物和粪污无害化处理设施设备或有效措施		
人员管理5分	1	有净化工作组织团队和明确的责任分工		1
	2	全面负责疫病防治工作的技术负责人具有畜牧兽医相关专业本科以上学历或中级以上职称		0.5
	3	全面负责疫病防治工作的技术负责人从事养牛业 3 年以上		0.5
	4	建立了合理的员工培训制度和培训计划		0.5
	5	有完整的动物防疫员工培训考核记录		0.5
	6	从业人员有（有关布鲁氏菌病、结核病）健康证明		1
	7	有 1 名以上本场专职兽医技术人员获得执业兽医资格证书		1
结构布局12分	8	场区位置独立，与主要交通干道、居民生活区、屠宰场、交易市场有效隔离		2
	9	场区周围有有效防疫隔离带		0.5
	10	养殖场防疫标识明显（有防疫警示标语、标牌）		0.5
	11	办公区、生产区、生活区、粪污处理区和无害化处理区完全分开且相距 50m 以上		2
	12	有独立的采精（采胚）区，且功能室设置合理，布局科学		1
	13	采精室与精液生产室有效隔离，分别有独立的洗澡更衣室		2
	14	生产区圈舍布局合理，距离符合要求，种公牛一牛一栏，运动场设置合理		2
	15	有独立的引种隔离舍或后备培育舍		1
	16	净道与污道分开		1

（续）

类别	编号	具体内容及评分标准	关键项	分值
栏舍设置5分	17	有相对隔离的病牛专用隔离治疗舍		2
	18	精液生产室有控温、通风换气和消毒设施设备，且运转良好		1
	19	计量器具通过检定合格或校准		1
	20	牛舍通风、换气和温控等设施设备运转良好		1
卫生环保7分	21	场区卫生状况良好，垃圾及时处理，无杂物堆放		1
	22	生产区具备有效的防鼠、防虫媒、防犬猫进入的设施设备或措施		3
	23	粪便及时清理、转运，存放地点有防雨、防渗漏、防溢流措施		2
	24	水质检测符合人畜饮水卫生标准		0.5
	25	具有县级以上环保行政主管部门的环评验收报告或许可		0.5
无害化处理9分	26	粪污无害化处理符合生物安全要求		1
	27	建立了病死牛、废弃物及粪污无害化处理制度		2
	28	病死牛无害化处理设施设备或措施运转有效并符合生物安全要求		2
	29	有完整的病死牛无害化处理记录并具有可追溯性		1
	30	无害化记录保存 3 年以上		1
	31	有病死牛死亡原因分析		1
	32	淘汰牛处理记录完整，并保存 3 年以上		1
消毒管理12分	33	有完善的消毒管理制度		1
	34	场区入口有有效的人员消毒设施设备及覆盖全车的车辆消毒设施设备		1
	35	有严格的车辆及人员出入场区消毒及管理制度		1
	36	车辆及人员出入场区消毒管理制度执行良好并记录完整		1
	37	生产区入口有有效的人员消毒设施设备		1
	38	有严格的人员进入生产区消毒及管理制度		1
	39	人员进入生产区消毒及管理制度执行良好并记录完整		1
	40	生产区内部有定期消毒措施且执行良好		1
	41	精液采集、传递、配制、储存等各生产环节符合相关要求		2
	42	采精/采胚区各功能室及生产用器具定期消毒，记录完整		1
	43	有消毒剂配制和管理制度		0.5
	44	消毒液定期更换，配制及更换记录完整		0.5
生产管理6分	45	制定了投入品（含饲料、兽药、生物制品）管理使用制度，执行良好并记录完整		1
	46	饲料、药物、疫苗等不同类型的投入品分类分开储藏，标识清晰		1
	47	有精液生产技术规程，严格遵照执行并保存完整的档案记录 3 年以上		1
	48	有精液质量检测技术规程，严格遵照执行并保存完整的档案记录 3 年以上		1
	49	有种公牛饲养管理技术规程，严格遵照执行并保存完整的档案记录 3 年以上		1
	50	有日常健康巡查制度及记录		1

（续）

类别	编号	具体内容及评分标准	关键项	分值
防疫管理8分	51	卫生防疫制度健全，有传染病应急预案		1
	52	有专用的兽医室，并具备正常开展临床诊疗和采样条件		1
	53	有常见疾病防治规程或方案		1
	54	动物发病、兽医诊疗与用药记录完整		1
	55	有阶段性疫病流行记录或定期牛群健康状态分析总结		2
	56	制订科学合理的免疫程序，执行良好并记录完整		2
种源管理14分	57	建立科学合理的引种管理制度、执行良好并有完整的记录		2
	58	有引种隔离管理制度，执行良好并有完整记录		2
	59	国内购进种公牛、精液、胚胎、来源于有种畜禽生产经营许可证的单位，国外进口的种牛、胚胎或精液符合相关规定		1
	60	引入种牛口蹄疫病原检测阴性	＊	2
	61	引入种牛布鲁氏菌病检测阴性	＊	2
	62	引入种牛结核病检测阴性	＊	2
	63	有 3 年以上的精液/胚胎及种公牛、种牛销售记录		1
	64	本场供给种牛/精液有口蹄疫、布鲁氏菌病、牛结核病抽检记录		2
监测净化16分	65	有布鲁氏菌病监测方案并切实可行		1
	66	有结核病监测方案并切实可行		1
	67	有口蹄疫监测方案并切实可行		1
	68	根据监测计划开展检测，每季度至少开展一次检测，年度检测覆盖所有种公牛/种牛	＊	2
	69	检测报告保存 3 年以上	＊	3
	70	具有根据检测记录编号能追溯到种公牛的唯一性标识（如耳标号）	＊	2
	71	有布鲁氏菌病/结核病/口蹄疫净化维持方案，并切实可行	＊	3
	72	有净化工作记录，记录保存 3 年以上	＊	1.5
	73	有检测试剂购置、委托检验凭证或其他与检验报告相符的证明材料，实际检测数量与应检测数量基本一致		1.5
场群健康6分		具有近 3 年内有资质的兽医实验室监督检测报告，并且结果符合：		
	74	口蹄疫病原检测阴性，采精公牛口蹄疫免疫抗体合格率≥90%	＊	2
	75	布鲁氏菌病检测阴性	＊	2
	76	结核病检测阴性	＊	2
总分				100

注："＊"表示此项为关键项，净化示范场总分不低于 90 分，且关键项全部满分，为现场评估通过。

第三节 现场综合审查要素释义

一、必备条件

该部分条款，作为种公牛站主要动物疫病净化场入围的基本条件，其中任意一项不符合条件，不予入围。

Ⅰ 　土地使用符合相关法律法规与区域内土地使用规划，场址选择符合《中华人民共和国畜牧法》（以下简称《畜牧法》）和《中华人民共和国动物防疫法》（以下简称《动物防疫法》）有关规定

（1）概述　此项为必备项。我国支持和鼓励养殖业的规模化、产业化、标准化发展，同时要求养殖用地符合当地土地利用规划，并符合相关法律法规要求。《畜牧法》第四十条规定，禁止在下列区域内建设畜禽养殖场、养殖小区：生活饮用水的水源保护区、风景名胜区，以及自然保护区的核心区和缓冲区；城镇居民区、文化教育科学研究区等人口集中区域；法律法规规定的其他禁养区域。

（2）评估要点　现场查看有关部门出具的土地使用协议、备案手续或建设规划证明。"法律法规规定的其他禁养区域"，符合当地国土部门制定的土地规划。

（3）入围原则　申请场具有有关部门出具的土地使用协议、备案手续或建设规划证明，场址位置符合地方政府关于禁养区、限养区管理的相关规定，认为此项符合；否则为不符合，不予入围。

Ⅱ 　具有县级以上畜牧兽医主管部门备案登记证明，并按照农业农村部《畜禽标识和养殖档案管理办法》要求建立养殖档案

（1）概述　此项为必备项。《畜牧法》第三十九条规定，我国畜禽养殖场实行备案。农业农村部颁布的《畜禽标识和养殖档案管理办法》规范了养殖档案管理。

（2）评估要点　查看县级以上畜牧兽医行政主管部门的备案登记材料，并初步了解养殖档案信息，确认至少涵盖以下内容：家畜品种、数量、繁殖记录、标识情况、来源、进出场日期；投入品采购、使用情况；检疫、免疫、消毒情况；家畜发病、死亡和无害化处理情况；家畜养殖代码；农业农村部规定的其他

内容。

（3）入围原则　申请场应当同时具备以上基本条件要素，认为此项为符合；否则为不符合，不予入围。

Ⅲ　具有县级以上畜牧兽医主管部门颁发的动物防疫条件合格证，2年内无重大动物疫病和产品质量安全事件发生记录

（1）概述　此项为必备项。根据《动物防疫法》及《动物防疫条件审查办法》，动物饲养场应符合《动物防疫条件审查办法》所规定的动物防疫条件，并取得动物防疫条件合格证。养殖场2年内无重大动物疫病和产品质量安全事件发生。

（2）评估要点　查看养殖场的动物防疫条件合格证、无重大动物疫病以及产品质量安全相关记录。

（3）入围原则　取得动物防疫条件合格证并在有效期内（或年审合格）的，以及2年内无重大动物疫病和产品质量安全事件发生且记录完整的，认为此项为符合；不能提供动物防疫条件合格证或动物防疫条件合格证不在有效期内（或年审不合格）的，或不能提供2年内无重大动物疫病和产品质量安全事件发生记录的，为不符合，不予入围。

Ⅳ　种畜禽养殖企业具有县级以上畜牧兽医主管部门颁发的种畜禽生产经营许可证

（1）概述　此项为必备项。《种畜禽管理条例》第十五条规定，生产经营种畜禽的单位和个人，必须向县级以上人民政府畜牧兽医行政主管部门申领种畜禽生产经营许可证。生产经营畜禽冷冻精液、胚胎或其他遗传材料的，由农业农村部或省、自治区、直辖市人民政府畜牧兽医行政主管部门核发种畜禽生产经营许可证。

（2）评估要点　查看养殖场的种畜禽生产经营许可证。

（3）入围原则　取得种畜禽生产经营许可证并在有效期内的，认为此项为符合；不能提供种畜禽生产经营许可证或种畜禽生产经营许可证不在有效期内的，为不符合，不予入围。

Ⅴ　采精种用公牛存栏不少于50头

（1）概述　此项为必备项。种公牛站种公牛的数量是其规模的体现和证明。

（2）评估要点　查看养殖场养殖档案等相关文件或记录。

（3）给分原则　能提供养殖场最新的养殖档案等相关文件或记录，认为此项为符合；否则为不符合，不予入围。

Ⅵ　有病死动物和粪污无害化处理设施设备或有效措施

（1）概述　此项为必备项。《畜牧法》第三十九条规定，畜禽养殖场、养殖小区应有对畜禽粪便、废水和其他固体废弃物进行综合利用的沼气池等设施设备或者其他无害化处理设施设备；《畜禽规模养殖污染防治条例》第十三条规定，畜禽养殖场、养殖小区应当根据养殖规模和污染防治需要，建设相应的畜禽粪便、污水与雨水分流设施设备，畜禽粪便、污水的储存设施设备，粪污厌氧消化和堆沤、有机肥加工、制取沼气、沼渣沼液分离和输送、污水处理、畜禽尸体处理等综合利用和无害化处理设施设备。已经委托他人对畜禽养殖废弃物代为综合利用和无害化处理的，可以不自行建设综合利用和无害化处理设施设备。

（2）评估要点　现场查看养殖场病死动物和粪污无害化处理设施设备，以及相关文件记录。

（3）入围原则　养殖场具有病死动物和粪污无害化处理设施设备，或有效的动物无害化处理措施，认为此项为符合；否则为不符合，不予入围。

二、评分项目

该部分条款为种公牛站主要动物疫病净化场现场综合审查的评分项，共计 76 小项，满分 100 分，根据现场审查实际情况逐项评分。

（一）人员管理

1. 有净化工作组织团队和明确的责任分工

（1）概述　动物疫病净化为一项长期性、系统性的工作，应由养殖企业主要负责人牵头组建净化工作组织团队，并明确责任分工，确保净化各项措施有效落实。

（2）评估要点　查阅净化工作组织团队名单、责任分工等相关证明材料。

（3）给分原则　组建净化团队并分工明确，材料完整，得 1 分；仅组建净化团队，无明确分工，得 0.5 分；无明确的净化团队，不得分。

2. 全面负责疫病防治工作的技术负责人具有畜牧兽医相关专业本科以上学历或中级以上职称

（1）概述　养殖场应按照《畜禽养殖场质量管理体系建设通则》（NY/T

1569）要求，建立岗位管理制度，明确岗位职责，从业人员应取得相应资质。疫病防治工作技术负责人，专业知识、能力和水平关系到养殖场疫病净化的实施和效果，应对其专业素质作出明确规定。

（2）评估要点　查阅技术负责人档案及相关证书。

（3）给分原则　具有畜牧兽医相关专业本科以上学历或中级以上职称，得0.5分；否则不得分。

3. 全面负责疫病防治工作的技术负责人从事养牛业3年以上

（1）概述　同上条。养殖场疫病防治工作技术负责人需具有较丰富的从业经验。

（2）评估要点　查阅技术负责人档案并询问其工作经历。

（3）给分原则　从事养牛业3年以上，得0.5分；否则不得分。

4. 建立了合理的员工培训制度和培训计划

（1）概述　养殖场应按照NY/T 1569、《无公害农产品　生产质量安全控制技术规范》（NY/T 2798）要求，建立培训制度，制订培训计划并组织实施。直接从事种畜生产的工人需要经过专业技术培训，熟练掌握相应的生产基本知识和技能，养殖场应安排资金用于员工职业技术培训。

（2）评估要点　查阅员工培训制度及近1年员工培训计划。

（3）给分原则　有员工培训制度和培训计划，得0.5分；否则不得分。

5. 有完整的动物防疫员工培训考核记录

（1）概述　养殖场制定的各项管理制度和生产规程、技术规范，需要通过一定的宣贯方式，传达到每一位员工，并使其知悉和掌握。

（2）评估要点　查阅近1年动物防疫员工培训考核记录，重点查看各生产阶段员工培训考核记录。

（3）给分原则　有动物防疫员工培训考核记录，得0.5分；否则不得分。

6. 从业人员有（有关布鲁氏菌病、结核病）健康证明

（1）概述　《无公害食品　畜禽饲养兽医防疫准则》（NY/T 5339）、NY/T 2798规定，养殖场应建立职工健康档案；从业人员每年进行一次健康检查并获

得健康证；员工应确认无结核病、布鲁氏菌病及其他传染病。同时，要求饲养人员应具备一定的自身防护常识。

（2）评估要点　现场查阅养殖场从业人员，特别是与生产密切相关岗位人员的健康证明。

（3）给分原则　与生产密切相关工作岗位从业人员具有有关布鲁氏菌病、结核病的健康证明，得1分；否则不得分。

7. 有1名以上本场专职兽医技术人员获得执业兽医资格证书

（1）概述　根据《兽用处方药和非处方药管理办法》《执业兽医管理办法》等规定，按照NY/T 1569、NY/T 2798要求，养殖场应聘任专职兽医，本场兽医应获得执业兽医资格证书。

（2）评估要点　现场查看养殖场专职兽医的执业兽医资格证书和专职证明性记录（如社保或工资发放证明）。

（3）给分原则　本场有1名以上的专职兽医技术人员取得执业兽医资格证书，得1分；否则不得分。

（二）结构布局

8. 场区位置独立，与主要交通干道、居民生活区、屠宰厂（场）、交易市场有效隔离

（1）概述　根据《动物防疫条件审查办法》《种牛场建设标准》（NYJ/T 01）、《畜禽场场区设计技术规范》（NY/T 682）、NY/T 5339等规定，畜禽场选址应符合环境条件要求，并与主要交通干道、生活区、屠宰厂（场）、交易市场等容易产生污染的单位保持有效距离。

（2）评估要点　现场查看养殖场场区位置与周边环境。

场址选择应充分考虑动物防疫要求，与居民居住区和交通要道的距离在1 000m以上，与偶蹄动物养殖场的距离不小于3 000m，与其他养殖场的距离不小于1 000m。

（3）给分原则　部分养殖场要达到规定的隔离距离要求，实际操作难度较大，需现场仔细查看周边环境和隔离设施设备或措施（例如，树木等自然屏障隔离等），位置独立且能满足有效隔离要求的，得2分；位置独立但不能有效隔离

的，得1分；否则不得分。

9. 场区周围有有效防疫隔离带

（1）概述　防疫隔离带是疫病防控的基础性组成部分，《动物防疫条件审查办法》等规定种牛场周围应有绿化隔离带。

（2）评估要点　现场查看防疫隔离带。

防疫隔离带可以是围墙、防风林、灌木、防疫沟或其他的物理隔离形式，有利于切断人员、车辆的自由流动。

（3）给分原则　有防疫隔离带，得0.5分；否则不得分。

10. 养殖场防疫标识明显（有防疫警示标语、标牌）

（1）概述　防疫标识是疫病防控的基础性组成部分。依据有关法规，参照NY/T 5339要求，养殖场应设置明显的防疫警示标牌，禁止任何来自可能染疫地区的人员及车辆进入场内。

（2）评估要点　现场查看防疫警示标牌。

（3）给分原则　有明显的防疫警示标识，得0.5分；否则不得分。

11. 办公区、生产区、生活区、粪污处理区和无害化处理区完全分开且相距 50m 以上

（1）概述　场区设计和布局应符合《动物防疫条件审查办法》、NY/T 682规定，设计合理，布局科学。

（2）评估要点　现场查看养殖场布局。生活区应在场区地势较高上风处，与生产区严格分开，距离50m；辅助生产区设在生产区边缘下风处，饲料加工车间远离饲养区，草垛与牛舍间距50m；粪污处理、无害化处理、病牛隔离区（包括兽医室）分别设在生产区外围下风地势低处。病牛隔离区与生产区距离300m，粪污处理区与功能地表水体距离400m。

（3）给分原则　生产区与其他各区皆距离50m以上者，得2分；其他任意两区未有效分开，得1分；生产区与生活区未区分者，不得分。

12. 有独立的采精（采胚）区，且功能室设置合理，布局科学

（1）概述　根据NYJ/T 01等相关规定，种公牛站应设置种公牛舍、后备公

牛舍、采精厅、冻精制作间、冻精储存库、液氮储存（或生产）车间、种牛强制运动场，各舍之间应符合规定的间距或有物理隔离；采精厅、兽医室、人工授精室、胚胎移植室等应配置牛保定架。

（2）评估要点　现场查看采精（采胚）区。

（3）给分原则　有独立的采精（采胚）区，得0.5分；功能室设置合理，得0.5分；否则不得分。

13. 采精室与精液生产室有效隔离，分别有独立的洗澡更衣室

（1）概述　根据 NYJ/T 01 等相关规定，种公牛站应设置种公牛舍、后备公牛舍、采精厅、冻精制作间、冻精储存库、液氮储存（或生产）车间，各舍之间应符合规定的间距或有物理隔离。

（2）评估要点　现场查看采精室与精液生产室。

（3）给分原则　采精室与精液生产室有效隔离，得1分；分别有独立的洗澡更衣室，得1分；否则不得分。

14. 生产区圈舍布局合理，距离符合要求，种公牛一牛一栏，运动场设置合理

（1）概述　根据 NYJ/T 01 等相关规定，种公牛站应设置种公牛舍、后备公牛舍、采精厅、冻精制作间、冻精储存库、液氮储存（或生产）车间，各舍之间应符合规定的间距或有物理隔离。种牛舍、运动场应设钢管围栏将种公牛隔开；种牛舍及运动场应用围墙与生活区及管理区隔离；种牛运动场内应设置荫棚。《动物防疫条件审查办法》规定，各栋舍之间距离 5m 以上或有隔离设施设备。

（2）评估要点　现场查看生产区内各舍的布局和设置状况。现场查看牛栏舍及运动场。

（3）给分原则　有公牛舍、后备公牛舍、采精厅、冻精制作间、冻精储存库、液氮储存（或生产）车间且布局合理，各栋舍之间距离符合要求，得 0.5分；种公牛一牛一栏，运动场设置合理，得 0.5分；否则不得分。

15. 有独立的引种隔离舍或后备培育舍

（1）概述　引种隔离在养殖场日常生产工作中占有重要作用。引种隔离舍，作为种牛场规范化运行内容，有利于降低种牛群疫病传入、传播风险。引种隔离

应符合《种畜禽调运检疫技术规范》（GB/T 16567）、NY/T 5339等规定。

（2）评估要点　现场查看引种隔离舍或后备培育室；查看其是否独立设置。

（3）给分原则　引种隔离舍或后备培育室独立设置，得1分；否则不得分。

16. 净道与污道完全分开

（1）概述　净道与污道分开是切断动物疫病传播途径的有效手段。按照《动物防疫条件审查办法》规定，净道与污道应分开，隔离区与生产区通过污道连接，避免交叉和混用。

（2）评估要点　现场查看净道、污道设置。

（3）给分原则　净道与污道完全分开，不交叉，得1分；净道与污道存在部分交叉，得0.5分；净道与污道未区分，不得分。

（三）栏舍设置

17. 有相对隔离的病牛专用隔离治疗舍

（1）概述　为降低病牛传播疫病的风险，《动物防疫条件审查办法》规定，饲养场应有相对独立的患病动物隔离舍。主要用于病牛隔离和治疗。按照NYJ/T 01、NY/T 5339、NY/T 682等要求，病牛隔离区主要包括兽医室、隔离牛舍，应设在生产区外围下风地势低处，远离生产区（与生产区保持300m以上间距），与生产区有专用通道相通，与场外有专用大门相通。

（2）评估要点　现场查看病牛专用隔离治疗舍。现场检查其位置是否合理，是否与生产区相对独立并保持一定间距。

（3）给分原则　有相对独立的病牛专用隔离治疗舍，且位置合理，得2分；否则不得分。

18. 精液生产室有控温、通风换气和消毒设施设备，且运转良好

（1）概述　按照NYJ/T 01要求冷冻精液制作间、冷冻精液储存库配置空调设备，保持通风良好。

（2）评估要点　现场查看有控温、通风换气和消毒设施设备。

可以通过隔离间玻璃观察，也可以通过现场视频监控观察。

（3）给分原则　有控温、通风换气和消毒设施设备，且运转良好，得1分；

否则不得分。

19. 计量器具检定或校准合格

（1）概述　按照《质量管理体系要求》（GB/T 19001）等规定，计量器具使用单位及时送往具有资格能力或获得《检测和校准实验室能力的通用要求》（GB/T 15481）认可的检定部门进行校准或检定，合格后方能投入使用。

（2）评估要点　现场查看检定或校准唯一性标识。

（3）给分原则　计量器具通过检定或校准，且合格，得 1 分；否则不得分。

20. 牛舍通风、换气和温控等设施设备运转良好

（1）概述　通风换气、温度调节设备，是衡量现代化养殖的一项重要参考指标。NYJ/T 01、《畜禽场环境污染控制技术规范》（NY/T 1169）等要求，牛舍建设应满足隔热、采光、通风、保温要求，配置降温、防寒、通风设施设备。《畜禽场环境质量标准》（NY/T 388）规定了舍区生态环境应达到的具体指标。

（2）评估要点　现场查看牛舍通风、换气和温控等设施设备。

（3）给分原则　牛舍有通风、换气和温控系统等设施设备且运转良好，得 1 分；牛舍有通风、换气和温控等设施设备但未正常运转，得 0.5 分；牛舍无通风、换气和温控等设施设备不得分。

（四）卫生环保

21. 场区卫生状况良好，垃圾及时处理，无杂物堆放

（1）概述　良好的卫生环境，既体现养殖场现代化管理水平，也体现养殖场对生物安全管理的重视。

（2）评估要点　现场查看场区内垃圾集中堆放，位置是否合理，是否有杂物堆放。

按照 NY/T 5339 要求，养殖场每天坚持打扫畜舍卫生，保持料槽、水槽、用具干净，地面清洁。及时清除杂草和水坑等蚊蝇滋生地，消灭蚊蝇。

（3）给分原则　场区卫生状况良好，无垃圾杂物堆放，得 1 分；否则不得分。

22. 生产区具备有效的防鼠、防虫媒、防犬猫进入的设施设备或措施

（1）概述　鼠、虫、犬猫常携带多种病原体，对牛场养殖具有较大威胁。按

照《动物防疫条件审查办法》要求，种畜禽场应有必要的防鼠、防鸟、防虫设施设备或者措施。按照 NY/T 2798 要求，牛场应采取措施控制啮齿类动物和虫害，防止污染饲草料，要定时定点投放灭鼠药，对废弃鼠药和毒死鸟鼠等，按国家有关规定处理。

（2）评估要点　现场查看牛场内环境卫生，尤其是低洼地带、墙基、地面；查看饲料存储间的防鼠设施设备；查看牛舍外墙角的防鼠碎石/沟；查看防鼠的措施和制度；向养殖场工作人员了解防鼠灭鼠措施和设施设备。

（3）给分原则　有防鼠害的措施和制度，饲料存储间、牛舍外墙角有必要的防鼠设施设备，日常开展防鼠灭鼠工作，能够有效防鼠，得 1 分；否则不得分。

23. 粪便及时清理、转运；存放地点有防雨、防渗漏、防溢流措施

（1）概述　养殖场清粪工艺、频次，粪便堆放、处理应按照 NYJ/T 01、《畜禽粪便无害化处理技术规范》（NY/T 1168）、《畜禽粪便安全使用准则》（NY/T 1334）等执行。采取干清粪工艺，日产日清；收集过程采取防扬散、防流失、防渗透等工艺；粪便定点堆积；储存场所有防雨、防渗透、防溢流措施；实行生物发酵等粪便无害化处理工艺以达到《粪便无害化卫生标准》（GB/T 7959）规定。利用无害化处理后的粪便生产有机肥，应符合《有机肥料》（NY/T 525）规定；生产复混肥，应符合《有机-无机复混肥料》（GB/T 18877）的规定。未经无害化处理的粪便，不得直接施用。养殖场发生重大动物疫情时，按照防疫有关要求处理粪便。

（2）评估要点　现场查看牛粪储存设施设备和场所。

（3）给分原则　有固定的牛粪储存、堆放设施设备和场所，得 1 分；有防雨、防渗漏、防溢流措施，得 1 分；否则不得分。

24. 水质检测符合人畜饮水卫生标准

（1）概述　水与畜禽生命关系密切，是其机体的重要组成部分，因水质导致畜禽疫病或死亡，也一定程度上影响公共卫生安全。畜禽场饮用水水质应达到《生活饮用水卫生标准》（GB/T 5749）或《无公害食品 畜禽饮用水水质》（NY/T 5027）要求。《畜禽场环境质量及卫生控制规范》（NY/T 1167）、NY/T 2798 要求养殖场应定期检测饮用水质，定期清洗和消毒供水、饮水设施设备。

（2）评估要点　查看有资质实验室出具的水质检测报告。

（3）给分原则　有相关部门水质检测报告且满足 GB/T 5749 或 NY/T 5027 要求，得 0.5 分；否则不得分。

25. 具有县级以上环保行政主管部门的环评验收报告或许可

（1）概述　《畜禽规模养殖污染防治条例》规定，新、改、扩建养殖场，应当满足动物防疫条件，并进行环境影响评价。项目按照其对环境的影响程度分别编制环境影响报告书、报告表、登记表。

（2）评估要点　查看县级以上环保行政主管部门的环评验收报告或许可。

（3）给分原则　具有县级以上环保行政主管部门的环评验收报告或许可，得 0.5 分；否则不得分。

(五) 无害化处理

26. 粪污的无害化处理符合生物安全要求

（1）概述　按照 NYJ/T 01 要求，种公牛站的粪污处理设施设备应与生产设施设备同步设计、同时施工、同时投产使用，其处理能力和处理效率应与生产规模相匹配。种公牛站宜采用堆肥发酵方式对粪污进行无害化处理，处理结果应符合 NY/T 1168 的要求。达到《畜禽养殖业污染物排放标准》（GB/T 18596）的排放标准。

（2）评估要点　粪污处理设施设备和处理能力是否与生产规模相匹配，是否采用堆肥发酵等方式对粪污进行无害化处理。

（3）给分原则　粪污处理设施设备和处理能力与生产规模相匹配，处理结果证明符合 NY/T 1168 相关要求，得 1 分；否则不得分。

27. 建立了病死牛、废弃物及粪污无害化处理制度

（1）概述　按照《动物防疫条件审查办法》、NY/T 1569 要求，畜禽养殖场应建立对病、死畜禽的治疗、隔离、处理制度；废弃物及粪污无害化处理制度。

（2）评估要点　查阅病死牛、废弃物及粪污无害化处理制度。

（3）给分原则　建立了病死牛、废弃物及粪污无害化处理制度，得 2 分；否则不得分。

28. 病死牛无害化处理设施设备或措施运转有效并符合生物安全要求

（1）概述　按照《动物防疫条件审查办法》《畜禽规模养殖污染防治条例》、NYJ/T 01 等法规规定，养殖场应具备病死牛无害化处理设施设备。按照 NY/T 2798、NY/T 5339 要求，病死及病害动物和相关动物产品、污染物应按照《病死及病害动物无害化处理技术规范》进行无害化处理，相关消毒工作按《畜禽产品消毒规范》（GB/T 16569）进行消毒。

（2）评估要点　现场查看病死牛无害化处理设施设备。

（3）给分原则　配备焚烧炉、化尸池或其他病死牛无害化处理设施设备且运转正常，或具有其他有效的动物无害化处理措施，得 2 分；配备焚烧炉、化尸池或其他病死牛无害化处理设施设备但未正常运转，得 1 分；否则不得分。

29. 有完整的病死牛无害化处理记录并具有可追溯性

（1）概述　病死牛无害化处理既是牛场疫病净化的主要内容，也是平时开展疫病诊断、预防的重要环节，处理记录应具有可追溯性。养殖场无害化处理记录内容应按 NY/T 1569 规定填写；按照 NY/T 5339 要求，记录应由相关负责人员签字并妥善保存 2 年以上。

（2）评估要点　查阅近 3 年病死牛处理档案及相关档案，抽取病死牛记录，追溯其隔离、淘汰、诊疗、无害化处理等相关记录。

（3）给分原则　病死牛处理记录完整、可追溯，得 1 分；否则不得分。

30. 无害化处理记录保存 3 年以上

（1）概述　按照《病死及病害动物无害化处理技术规范》要求，记录应由相关负责人员签字并妥善保存 2 年以上。为了全面掌握养殖场疫病净化工作开展情况，净化场无害化处理记录应保存 3 年以上。

（2）评估要点　查阅近 3 年病死牛处理档案（建场不足 3 年，查阅自建场之日起档案）。

（3）给分原则　档案保存期 3 年及以上（或自建场之日起），得 1 分；档案保存不足 3 年，得 0.5 分；无档案不得分。

31. 有病死牛死亡原因分析

（1）概述 发生病牛死亡，应及时开展临床检查及实验室诊断，同时开展流行病学调查，分析病死原因，为开展本场流行动物疫病防控提供科学依据。

（2）评估要点 现场查看病死牛死亡原因分析报告。

（3）给分原则 有病死牛死亡原因分析报告，得1分；否则不得分。

32. 淘汰牛处理记录完整，并保存3年以上

（1）概述 淘汰牛处理记录需要保存3年以上，便于掌握场内相关情况。

（2）评估要点 查阅近3年淘汰牛处理档案。

（3）给分原则 档案保存期3年及以上，得1分；档案保存不足3年，得0.5分；无档案不得分。

（六）消毒管理

33. 有完善的消毒管理制度

（1）概述 养殖场应建立健全消毒制度，消毒工作按照 NY/T 5339 执行。消毒制度应按照 NY/T 1569、NY/T 2798 等要求，结合本场实际制定。

（2）评估要点 现场检查消毒管理制度。

（3）给分原则 有完善的消毒管理制度，得1分；有制度但不完整得0.5分；无制度不得分。

34. 场区入口有有效的人员消毒设施设备及覆盖全车的车辆消毒设施设备

（1）概述 入场车辆是动物疫病传入的关键风险点之一。按照《动物防疫条件审查办法》、NY/T 5339 规定，场区出入口处设置与门同宽的车辆消毒池、消毒室和消毒设施设备。经兽医管理人员许可，外来人员应在消毒后穿专用工作服进入场区。

（2）评估要点 现场查看消毒设施设备。

（3）给分原则 场区入口有车辆消毒池和覆盖全车的消毒设施设备，且能满足车辆、人员消毒要求，得1分；仅有消毒池或设施设备但无法完全满足车辆消

毒要求，得 0.5 分；否则不得分。

35. 有严格的车辆及人员出入场区消毒及管理制度

（1）概述　养殖场应按照 NY/T 1569 要求，建立出入场区消毒管理制度和岗位操作规程，明确对出入车辆和人员的控制、消毒措施和效果。

（2）评估要点　查阅车辆及人员出入管理制度。

（3）给分原则　建立了严格的车辆及人员出入场区消毒及管理制度，得 1 分；否则不得分。

36. 车辆及人员出入场区消毒管理制度执行良好并记录完整

（1）概述　对车辆及人员出入和消毒情况进行记录，记录内容参照 NY/T 2798 设置。

（2）评估要点　查阅车辆及人员出入记录、现场观察。

（3）给分原则　严格执行车辆及人员出入场区消毒管理制度并记录完整，得 1 分；执行不到位或记录不完整，得 0.5 分；否则不得分。

37. 生产区入口有有效的人员消毒设施设备

（1）概述　按照《动物防疫条件审查办法》、NY/T 2798、NY/T 5339 等规定，生产区入口处应设置更衣消毒室。消毒通道应有地面消毒和紫外线消毒。

（2）评估要点　现场查看消毒设施设备。

（3）给分原则　生产区入口有人员消毒、淋浴设施设备，运行有效，得 1 分；生产区入口有人员消毒、淋浴设施设备但不能完全满足消毒要求，得 0.5 分；否则不得分。

38. 有严格的人员进入生产区消毒及管理制度

（1）概述　按照《动物防疫条件审查办法》、NY/T 2798、NY/T 5339 要求制定人员进入生产区管理制度。明确本场职工、外来人员进入生产区的管理及消毒规程。按照 NY/T 2798 规定，应建立出入登记制度，非生产人员未经许可不得进入生产区；人员进入生产区，应穿工作服经过消毒间，洗手消毒后方可入场并遵守场内防疫制度。

（2）评估要点　查阅人员出入生产区消毒及管理制度。

（3）给分原则 建立了人员出入生产区消毒及管理制度，得1分；否则不得分。

39. 人员进入生产区消毒及管理制度执行良好并记录完整

（1）概述 对人员出入和消毒情况进行记录，记录内容参照 NY/T 2798 设置。

（2）评估要点 查阅人员出入生产区记录。

（3）给分原则 人员出入生产区消毒及管理制度执行良好并记录完整，得1分；执行不到位或者记录不完整，得0.5分；否则不得分。

40. 生产区内部有定期消毒措施且执行良好

（1）概述 生产区内消毒是消灭病原、切断传播途径的有效手段，牛舍、周围环境、牛体、用具等消毒措施应符合 NY/T 5339、NY/T 2798 相关规定。

（2）评估要点 现场查看，并查阅相关消毒制度和岗位操作规程；查看相关记录。

（3）给分原则 有消毒制度和措施，执行良好且记录完整，得1分；执行不到位或记录不完整，得0.5分；否则不得分。

41. 精液采集、传递、配制、储存等各生产环节符合相关要求

（1）概述 种公牛站精液采集、传递、配制、储存等各生产环节应符合《牛冷冻精液》（GB/T 4143）相关要求。该标准规定了牛冷冻精液的技术要求、试验方法、检验规则、标识、包装、运输和储存。各生产环节的技术标准应不低于该标准的相关要求。

（2）评估要点 现场查看各生产环节。

（3）给分原则 各生产环节全部符合标准要求，得2分；某一个环节不符合标准要求，得1分；两个及两个以上环节不符合标准要求，不得分。

42. 采精/采胚区各功能室及生产用器具定期消毒，记录完整

（1）概述 采精/采胚区各功能室及生产用器具定期消毒是消灭病原、切断传播途径的有效手段，消毒措施应符合 NY/T 5339、NY/T 2798 相关规定。

（2）评估要点 现场查看，并查阅相关消毒记录。

（3）给分原则　有消毒措施且记录完整，得 1 分；没有不得分。

43. 有消毒剂配制和管理制度

（1）概述　科学合理地选择消毒剂种类和消毒方法可以更有效地杀灭病原微生物，养殖场消毒管理制度中应建立科学消毒方法、合理选择消毒剂、明确消毒液配制和定期更换等技术性措施。

（2）评估要点　查阅消毒剂配制和管理制度。

（3）给分原则　相关制度完整，得 0.5 分；否则不得分。

44. 消毒液定期更换，配制及更换记录完整

（1）概述　养殖场要严格执行本场制定的消毒剂配制和管理制度，必须定期更换消毒液，日常的消毒液配制及更换记录应详细完整。

（2）评估要点　查阅消毒剂配制和更换记录。

（3）给分原则　定期更换消毒液，有配制和更换记录，得 0.5 分；否则不得分。

（七）生产管理

45. 制定了投入品（含饲料、兽药、生物制品）使用管理制度，执行良好并记录完整

（1）概述　养殖场应依据《畜牧法》《中华人民共和国农产品质量安全法》《畜禽标识和养殖档案管理办法》《饲料和饲料添加剂管理条例》和《兽药管理条例》等法律法规，建立投入品管理和使用制度，并严格执行。NY/T 2798 等规定，购进饲料及饲料添加剂，应符合《饲料卫生标准》（GB/T 13078）的规定及其产品质量标准，不得添加农业农村部公布的禁用物质；购进的牧草不得来自疫区；购进的兽药应符合《中华人民共和国兽药典》等规定，不得添加农业农村部公告中禁止使用的药品和其他化合物。饲料和饲料添加剂的使用，应符合《无公害食品　畜禽饲料和饲料添加剂使用准则》（NY/T 5032）的规定；兽药的使用，应符合《无公害农产品　兽药使用准则》（NY/T 5030）、《饲料药物添加剂使用规范》的规定。

（2）评估要点　查阅养殖场管理制度，是否涵盖饲料、兽药、生物制品管理

使用制度。

（3）给分原则 建立了投入品（含饲料、兽药、生物制品）使用制度并执行良好、记录完整，得1分；执行不到位或记录不完整，得0.5分；否则不得分。

46. 饲料、药物、疫苗等不同类型的投入品分类分开储藏，标识清晰

（1）概述 养殖场饲料、兽药、生物制品等不同类型的投入品应分类储存，防止污染和交叉污染。投入品储存按照NY/T 2798规定执行。饲料库和配料库中不同类型的饲料应分类存放，先进先出；添加兽药的饲料与其他饲料分开储藏；不同类别的兽药和生物制品按说明书规定分类储存；投入品储存状态标示清楚，有安全保护措施。

（2）评估要点 现场查看饲料、药物、疫苗等不同类型的投入品储藏状态和标识。

（3）给分原则 各类投入品按规定要求分类储藏，标识清晰，得1分；否则不得分。

47. 有精液生产技术规程，严格遵照执行并保存完整档案记录3年以上

（1）概述 《牛冷冻精液生产技术规程》（NY/T 1234）规定了牛冷冻精液生产的器械清洗和消毒、稀释液配制、采精、精液处理、精液冷冻、精液解冻、冻精镜检及检验规则、冻精包装、冻精储存及冻精运输。

（2）评估要点 现场查看精液生产状态及档案记录。

（3）给分原则 有精液生产技术规程，严格遵照执行并保存完整档案记录3年以上，得1分；否则不得分。

48. 有精液质量检测技术规程，严格遵照执行并保存完整档案记录3年以上

（1）概述 GB/T 4143规定了牛冷冻精液质量检测方法，通过精液检测才能确定其是否合格。

（2）评估要点 现场查看精液检测技术规程及档案记录。

（3）给分原则 有精液检测技术规程，严格遵照执行并保存完整档案记录3

年以上，得 1 分；否则不得分。

49. 有种公牛饲养管理技术规程，严格遵照执行并保存完整档案记录 3 年以上

（1）概述　《种公牛饲养管理技术规程》（NY/T 1446）规定公牛饲养管理技术要求。

（2）评估要点　现场查看种公牛饲养管理技术规程及档案记录。

（3）给分原则　有种公牛饲养管理技术规程，严格遵照执行并保存完整档案记录 3 年以上，得 1 分；否则不得分。

50. 有日常健康巡查制度及记录

（1）概述　建立健康巡查制度能及时发现可疑现象并采取防控措施，将发病范围控制到最小，损失降到最低。

（2）评估要点　查阅养殖场健康巡查制度及记录。

（3）给分原则　建立了健康巡查制度并执行良好、记录完整，得 1 分；执行不到位或者记录不完整，得 0.5 分；否则不得分。

（八）防疫管理

51. 卫生防疫制度健全，有传染病应急预案

（1）概述　《动物防疫法》规定，动物饲养场应有完善的动物防疫制度。《动物防疫条件审查办法》、NY/T 1569 规定，养殖场应建立卫生防疫制度。养殖场应根据动物防疫制度要求建立完善相关岗位操作规程，按照操作规程的要求建立档案记录。同时，养殖场应按照 NY/T 5339、NY/T 2798 有关要求，建立突发传染病应急预案，本场或本地发生疫情时做好应急处置。

（2）评估要点　现场查阅卫生防疫管理制度。查看制度、岗位操作规程、相关记录是否能够互相印证，并证明质量管理体系的有效运行。

现场查阅传染病应急预案。

（3）给分原则　卫生防疫制度健全，岗位操作规程完善，相关档案记录能证明各项防疫工作有效实施；有传染病应急预案，得 1 分；有相关制度但不完善，得 0.5 分；既无制度或制度不受控，又无传染病应急预案，不得分。

52. 有专用的兽医室，并具备正常开展临床诊疗和采样条件

（1）概述   养殖场应按照《动物防疫条件审查办法》、NY/T 682 要求，设置独立的兽医工作场所，开展常规动物疫病检查诊断和检测。《动物防疫条件审查办法》要求，兽医室需配备疫苗储存、消毒和诊疗设备，具备开展常规动物疫病诊疗和采样的条件。鼓励有条件的养殖场建设完善的兽医实验室，为本场开展疫病净化监测提供便利条件。

（2）评估要点   现场查看是否设置独立的兽医室，并符合本释义第 11、17 条的规定。现场查看实验室是否具备正常开展临床诊疗和采样工作的设施设备。

（3）给分原则   有独立兽医室，兽医室具有相应设施设备，能正常开展血清/病原样品采样工作，具备开展听诊、触诊等基本临床检查和诊疗工作的条件，得 1 分；否则不得分。

53. 有常见疫病防治规程或方案

（1）概述   生产中的常见病严重影响种公牛生产。牛场应按照 NY/T 2798 等规定，根据本场卫生防疫制度，建立常见疫病防治规程或处理方案。

（2）评估要点   查阅常见疫病防治规程或处理方案，及相关档案记录。

（3）给分原则   有常见疫病防治规程或处理方案，得 1 分；否则不得分；

54. 动物发病、兽医诊疗与用药记录完整

（1）概述   养殖场应按照 NY/T 1569、NY/T 5030、NY/T 5339 规定，完善诊疗和兽药使用记录。记录内容应不少于 NY/T 2798 所列各项。

（2）评估要点   查阅至少近 3 年以来的动物发病、兽医诊疗与用药记录；养殖场创建不足 3 年的，要查阅建场以来所有的动物发病、兽医诊疗与用药记录。

（3）给分原则   有完整的 3 年及以上动物发病、兽医诊疗与用药记录，得 1 分；有兽医诊疗与用药记录但未完整记录或保存不足 3 年，得 0.5 分；否则不得分。

55. 有阶段性疫病流行记录或定期牛群健康状态分析总结

（1）概述   全面记录分析、总结养殖场内阶段性疫病流行或定期牛群健康状态，可掌握养殖场内疫病流行形势，有利于疫病的综合防控。按照 NY/T 1569

要求，养殖场应该建立对生产过程的监控方案，同时建立内部审核制度。养殖场应定期分析、总结生产过程中各项制度、规程及牛群健康状况。按照 NY/T 5339 规定，动物群体相关记录具体内容包括：畜种及来源、生产性能、饲料来源及消耗、兽药使用及免疫、日常消毒、发病情况、实验室检测及结果、死亡率及死亡原因、无害化处理情况等。按照 NY/T 1569、NY/T 2798 规定的填写内容要求，牛群发病记录与养殖场诊疗记录可合并；阶段性疫病流行或定期牛群健康状态分析可结合周期性内审或年度工作报告一并进行。

(2) 评估要点　查阅养殖场阶段性疫病流行记录或牛群健康状态分析总结。

(3) 给分原则　有相应的记录和分析总结，得 2 分；否则不得分。

56. 制订科学合理的免疫程序，执行良好并记录完整

(1) 概述　科学的免疫程序是疫病防控的重要环节，防疫档案既是《畜禽标识和养殖档案管理办法》要求的内容，也是养殖场开展疫病净化应具备的基础条件。养殖场应根据《动物防疫法》及其配套法规要求，结合本地实际，建立本场免疫制度，制订免疫计划，按照 NY/T 5339 等要求，确定免疫程序和免疫方法，采购的疫苗应符合《兽用生物制品质量标准》，免疫操作按照《动物免疫接种技术规范》(NY/T 1952) 执行。

(2) 评估要点　查阅养殖场免疫制度、计划、免疫程序；查阅近 3 年免疫记录。

(3) 给分原则　免疫程序科学合理，免疫档案记录完整，得 2 分；免疫程序不合理或档案不完整，视情况予以扣分；否则不得分。

(九) 种源管理

57. 建立科学合理的引种管理制度、执行良好并有完整的记录

(1) 概述　养殖场应建立引种管理制度，规范引种行为。引种申报及隔离符合 NY/T 5339、NY/T 2798 规定。引进的活体动物、精液和胚胎实施分类管理，从购买、隔离、检测、混群等方面应作出详细规定，并完整记录引种相关各项工作，保证记录的可追溯性。

(2) 评估要点　现场查阅养殖场的引种管理制度及引种记录。

(3) 给分原则　建立了科学合理的引种管理制度，严格执行引种管理制度且

引种记录规范完整得 2 分；否则不得分。

58. 有引种隔离管理制度，执行良好并有完整记录

（1）概述　按照 NY/T 2798 规定，种牛引进后，隔离观察至少 45d，经当地动物卫生监督机构检查确定健康合格后，方可并群饲养。

（2）评估要点　查阅引种隔离管理制度及隔离观察记录。

（3）给分原则　有引种隔离管理制度且记录完整，得 2 分；否则不得分。

59. 国内购进种公牛、精液、胚胎，来源于有种畜禽生产经营许可证的单位，国外进口的种牛、胚胎或精液符合相关规定

（1）概述　按照 NY/T 5339、NY/T 2798 关于引种的要求，养殖场应提供相关资料及证明：输出地为非疫区；省内调运的，输出地县级动物卫生监督机构按照《反刍动物产地检疫规程》检疫合格；跨省调运的，须经输入地省级动物卫生监督机构审批，按照《跨省调运乳用种用动物产地检疫规程》检疫合格；运输工具需彻底清洗消毒，持有动物及动物产品运载工具消毒证明；输出方应提供的相关经营资质材料；国外引进种牛或胚胎或精液的，应持国务院畜牧兽医行政主管部门签发的审批意见及进出口相关管理部门出具的检测报告。

（2）评估要点　查阅种牛供应单位相关资质材料复印件；查阅外购种牛、精液、胚胎供体的种畜禽合格证；查阅调运相关申报程序文件资料；查阅输出地动物卫生监督机构出具的动物检疫合格证明、运输工具消毒证明或进出口相关管理部门出具的检测报告；查阅输入地动物卫生监督机构解除隔离时的检疫合格证明或资料。

（3）给分原则　满足上述所有条件，得 1 分；否则不得分。

60. ＊引入种牛口蹄疫病原检测阴性

（1）概述　按照 NY/T 5339、NY/T 2798 关于引种的要求，引入种牛口蹄疫病原检测应为阴性。

（2）评估要点　相关实验室口蹄疫病原检测报告。

（3）给分原则　有口蹄疫病原检测报告且结果全为阴性，得 2 分；否则不得分。

61. ＊引入种牛布鲁氏菌病检测阴性

（1）概述　按照 NY/T 5339、NY/T 2798 关于引种的要求，引入种牛布鲁

氏菌病检测应为阴性。

（2）评估要点　相关布鲁氏菌病实验室检测报告。

（3）给分原则　有布鲁氏菌病抗体检测报告且结果全为阴性，得 2 分；否则不得分。

62. ＊引入种牛结核病检测阴性

（1）概述　按照 NY/T 5339、NY/T 2798 关于引种的要求，引入种牛结核病检测应为阴性。

（2）评估要点　相关结核病检测报告。

（3）给分原则　有结核病检测报告且结果全为阴性，得 2 分；否则不得分。

63. 有 3 年以上的精液/胚胎及种公牛、种牛销售记录

（1）概述　按照 NY/T 2798，建立精液/胚胎及种公牛、种牛销售记录。及时跟踪去向，在发生疫情时可根据销售记录进行追溯。

（2）评估要点　查阅近 3 年精液/胚胎及种公牛、种牛销售记录。

（3）给分原则　有近 3 年精液/胚胎及种公牛、种牛销售记录并且清晰完整，得 1 分；销售记录不满 3 年或记录不完整，得 0.5 分；否则不得分。

64. 本场供给牛/精液有口蹄疫、布鲁氏菌病、牛结核病抽检记录

（1）概述　对销售的种牛/精液进行疫病抽检能保证产品安全和质量，提高销售者的责任意识。

（2）评估要点　查阅本场供给牛/精液口蹄疫、布鲁氏菌病、牛结核病抽检记录。

（3）给分原则　有供给牛/精液口蹄疫、布鲁氏菌病、牛结核病抽检记录，得 2 分；否则不得分。

（十）监测净化

65. 有布鲁氏菌病监测方案并切实可行

66. 有结核病监测方案并切实可行

67. 有口蹄疫监测方案并切实可行

（1）概述 按照 NY/T 5339 规定，养殖场应制订疫病监测方案并实施，常规监测的疫病至少应包括口蹄疫、炭疽、蓝舌病、结核病、布鲁氏菌病。养殖场应接受并配合当地动物防疫机构进行定期不定期的疫病抽查、普查、监测等工作。NY/T 2798 要求，养殖场应配合当地畜牧兽医部门，对结核病、布鲁氏菌病进行定期监测和净化，有监测记录和处理记录。

（2）评估要点 查阅近 1 年养殖场布鲁氏菌病、结核病、口蹄疫监测方案，包括不同群体的免疫抗体水平和病原感染状况；评估监测方案是否符合本地、本场实际情况。

（3）给分原则

65 条：有布鲁氏菌病年度监测方案并切实可行，得 1 分；有监测方案但缺乏可行性，得 0.5 分；没有布鲁氏菌病年度监测方案，不得分。

66 条：有结核病年度监测方案并切实可行，得 1 分；有监测方案但缺乏可行性，得 0.5 分；没有结核病年度监测方案，不得分。

67 条：有口蹄疫年度监测方案并切实可行，得 1 分；有监测方案但缺乏可行性，得 0.5 分；没有口蹄疫年度监测方案，不得分。

68. ＊根据监测方案开展检测，每季度至少开展一次检测，年度检测覆盖所有种公牛/种牛

（1）概述 养殖场应按照 NY/T 5339 等要求，按照监测计划开展检测，每季度至少开展一次检测，年度检测覆盖所有种公牛/种牛，将结果及时报告当地畜牧兽医主管部门。

（2）评估要点 查阅近 1 年监测方案；查阅季度检测报告。

（3）给分原则 监测方案、季度检测报告完整，得 2 分；差距较大的，不得分。

69. ＊检测报告保存 3 年以上

（1）概述 养殖场应按照 NY/T 5339 等要求，按照监测方案开展检测，并出具检测报告。

（2）评估要点 查阅近 3 年检测报告。

（3）给分原则　按照监测方案所要求的检测频率、检测数量、动物养殖阶段、检测病种、检测项目，与相应检测报告差距较大的，不得分；检测报告保存期不足3年的，少1年，扣1分。

70. ＊具有根据检测记录编号能追溯到种公牛的唯一性标识（如耳标号）

（1）概述　养殖场按照《畜禽标识和养殖档案管理办法》、NY/T 2798规定对种公牛加以唯一性标识。检测记录样品号码与唯一性标识要一致，确保检测记录能追溯到相关动物的唯一性标识。种公牛站根据检测结果对不符合种牛要求的牛进行隔离、扑杀或淘汰，检测记录是否能溯源决定着处置结果。

（2）评估要点　抽查检测记录，现场查看是否能追溯到每一头牛。

（3）给分原则　抽查检测记录能追溯到相关动物的唯一性标识，得2分；否则不得分。

71. ＊有布鲁氏菌病/结核病/口蹄疫净化维持方案，并切实可行

（1）概述　养殖场应主动开展动物疫病净化工作，制订科学合理的净化维持方案，具有可操作性。

（2）评估要点　查阅布鲁氏菌病/结核病/口蹄疫净化维持方案，评估方案是否结合本场实际情况，是否具有可行性。

（3）给分原则　有以上任一病种的净化维持方案，并切实可行，得3分；有净化维持方案，但不够完善、可行，视情况予以扣分；否则不得分。

72. ＊有净化工作记录，记录保存3年以上

（1）概述　对净化工作实施情况进行全面的记录和保存，是提高养殖场疫病防控、净化综合管理能力的有效手段。

（2）评估要点　查阅布鲁氏菌病/结核病/口蹄疫净化工作记录。

（3）给分原则　有以上任一病种的净化工作记录并保存3年以上，得1.5分；少1年，扣0.5分，扣完为止。

73. 有检测试剂购置、委托检验凭证或其他与检验报告相符的证明材料，实际检测数量与应检测数量基本一致

（1）概述　持续监测是养殖场开展疫病净化的基础，检测活动须有相应购买

清单或委托检测凭证予以证明。

（2）评估要点　查阅养殖场检测试剂购置或委托检测凭证，并核实是否与检测量相符。

（3）给分原则　有检测试剂购置或委托检测凭证且与检测量相符，得 1.5 分；有检测试剂购置或委托检测凭证但与检测量不相符，得 1 分；无检测试剂购置或委托检测凭证不得分。

（十一）场群健康

具有近 3 年内有资质的兽医实验室（即通过农业农村部实验室考核、通过实验室资质认定或 CNAS 认可的兽医实验室）监督检验报告并且结果符合：

74. * 口蹄疫病原检测阴性，采精公牛口蹄疫免疫抗体合格率 ≥90%

（1）概述　牛场疫病流行情况和牛群健康水平是评估净化效果的重要参考。具体检测方法参见种公牛站口蹄疫净化评估标准。

（2）评估要点　查阅近 3 年检测报告，计算相应指标。

（3）给分原则　检测报告为近 3 年内有资质的兽医实验室出具；口蹄疫病原检测阴性，采精公牛口蹄疫免疫抗体合格率≥90%，得 2 分；以上任一条件不满足，不得分。

75. * 布鲁氏菌病检测阴性

（1）概述　牛场疫病流行情况和牛群健康水平是评估净化效果的重要参考。具体检测方法参见种公牛站布鲁氏菌病净化评估标准。

（2）评估要点　查阅近 3 年检测报告，计算相应指标。

（3）给分原则　检测报告为近 3 年内有资质的兽医实验室出具；布鲁氏菌病检测阴性，得 2 分；否则不得分。

76. * 结核病检测阴性

（1）概述　牛场疫病流行情况和牛群健康水平是评估净化效果的重要参考。具体检测方法参见种公牛站结核病净化评估标准。

（2）评估要点　查阅近 3 年检测报告，计算相应指标。

（3）给分原则　检测报告为近 3 年内有资质的兽医实验室出具；结核病检测阴性，得 2 分；否则不得分。

三、现场评估结果

净化示范场总分不低于 90 分，且关键项（＊项）全部满分，为现场评估通过。

四、附录

附　录　A
（国家法律法规）

《中华人民共和国畜牧法》

《中华人民共和国动物防疫法》

《中华人民共和国农产品质量安全法》

附　录　B
（国家标准）

GB/T 16567—1996	种畜禽调运检疫技术规范
GB/T 19001—2016	质量管理体系要求
GB/T 15481—2008	检测和校准实验室能力的通用要求
GB/T 7959—2012	粪便无害化卫生要求
GB/T 18877—2009	有机-无机复混肥料
GB/T 5749—2006	生活饮用水卫生标准
GB/T 4143—2008	牛冷冻精液
GB/T 18596—2001	畜禽养殖业污染物排放标准
GB/T 16569—1996	畜禽产品消毒规范
GB/T 13078—2001	饲料卫生标准

附　录　C
（农业行业标准）

NY/T 1569—2007	畜禽养殖场质量管理体系建设通则
NY/T 2798—2015	无公害农产品　生产质量安全控制技术规范

NY/T 5339—2006　　　无公害食品　畜禽饲养兽医防疫准则

NYJ/T 01—2005　　　种牛场建设标准

NY/T 682—2003　　　畜禽场场区设计技术规范

NY/T 1169—2006　　　畜禽场环境污染控制技术规范

NY/T 388—1999　　　畜禽场环境质量标准

NY/T 1168—2006　　　畜禽粪便无害化处理技术规范

NY/T 1334—2007　　　畜禽粪便安全使用准则

NY/T 525—2012　　　有机肥料

NY/T 5027—2008　　　无公害食品　畜禽饮用水水质

NY/T 1167—2006　　　畜禽场环境质量及卫生控制规范

NYJ/T 5032—2006　　　无公害食品　畜禽饲料和饲料添加剂使用准则

NY/T 5030—2016　　　无公害农产品　兽药使用准则

NY/T 1234—2006　　　牛冷冻精液生产技术规程

NY/T 1446—2007　　　种公牛饲养管理技术规程

NY/T 1952—2010　　　动物免疫接种技术规范

附　录　D

（农业农村部下发相关文件）

《畜禽标识和养殖档案管理办法》

《动物防疫条件审查办法》

《种畜禽管理条例》

《畜禽规模养殖污染防治条例》

《兽用处方药和非处方药管理办法》

《执业兽医管理办法》

《病死及病害动物无害化处理技术规范》

《饲料和饲料添加剂管理条例》

《兽药管理条例》

《中华人民共和国兽药典》

《饲料药物添加剂使用规范》

《兽用生物制品质量标准》

《反刍动物产地检疫规程》

《跨省调运乳用种用动物产地检疫规程》